インプレスR&D[NextPublishing]

技術の泉 SERIES
E-Book / Print Book

PHPでもサーバーレス！

AWS Lambda Custom Runtime 入門

木村 俊彦 著

impress R&D
An impress Group Company

Lambdaにおける PHP の利用手順や、サンプルアプリケーションの構築まで解説！

技術の泉 SERIES

目次

まえがき	4
想定する技術レベル	4
ゴール	4
ソースコード	4
連絡先	5
免責事項	5
表記関係について	5
底本について	5

第1章	必要なものをそろえよう	7
1.1	Docker	7
1.2	AWSアカウント	8
	AWSの費用について	8
1.3	AWS CLI	8
1.4	SAM CLI	9

第2章	早速使ってみよう	11
2.1	Lambdaの設定をする	11
2.2	API Gatewayの設定をする	18
2.3	呼び出してみる	22

第3章	応用して使ってみよう	24
3.1	必要なものを用意する	24
3.2	PHP7.1をビルドする	25
	build.shの内容を見てみる	25
3.3	ビルドした実行環境に差し替える	27
	表示されない場合	31
3.4	boorstrapとphp.iniの変更	34
3.5	再アップロードして新バージョンの作成	35
3.6	Amazon S3からレイヤーをアップロードする方法	38
3.7	拡張を追加してみる	43
	yumから追加する	43
	peclで追加する	47
3.8	PHP5.6をビルドする	49

第4章　コマンドでデプロイしよう ·································· 53

4.1　AWS CLIで操作してみる ·································· 53

4.2　SAM CLIで操作する ·································· 56

ファイルの準備 ·································· 56

テンプレートの内容を見てみる ·································· 57

S3バケットの作成 ·································· 59

デプロイする ·································· 59

ローカルで実行する ·································· 60

4.3　デプロイしたアプリケーションを削除する ·································· 62

第5章　フレームワークを使ってみよう ·································· 67

5.1　前提条件 ·································· 67

5.2　Slim Framework 3 ·································· 67

5.3　CodeIgniter ·································· 70

5.4　CakePHP3 ·································· 72

5.5　Yii Framework ·································· 76

5.6　Laravel ·································· 79

5.7　Phalcon ·································· 82

5.8　所感 ·································· 86

第6章　サンプル的なアプリケーションを構築してみよう ·································· 88

6.1　前提条件 ·································· 88

6.2　アプリケーション構築 ·································· 88

index.phpの処理を見てみる ·································· 91

6.3　SAMテンプレートの構築 ·································· 94

6.4　デプロイ＆動作確認する ·································· 96

6.5　ローカルで実行する ·································· 97

あとがき ·································· 101

まえがき

　この本を手に取っていただきありがとうございます。

　近頃はサーバーレス実行環境[1]で開発を行うことが多くなりましたが、利用できる言語には制約があります。その多くはJavaやNode.jsですが、その他の利用できない言語を普段使っている場合、新たに言語を習得しなければならず追加コストがかかるのが現状です。ところが、AWS Lambdaにおいて2018年に「Lambda Custom Runtime」（以下カスタムランタイム）の仕組みが導入され、その制約がなくなりました。この本は、そんなカスタムランタイムを少しでも広め、利用する方が増えたり、実環境への投入などの検討材料としていただくためのものです。

　カスタムランタイムは気軽に実行できる標準のLambda環境とは異なり、実行環境自体のビルドやデプロイが必要でLambda本来の手軽さが少し失われています。しかし、使い慣れた言語で実行できるという部分は非常に大きいです。

　本書の内容はPHPを軸にしていますが、主な使い方やスクリプトの実行方法など、基礎的な部分においては他言語でも応用できる部分が多いです。使い慣れた言語で試してみたい方も是非参考にしてみてください。

　この本を通して、カスタムランタイムの利用者が少しでも増え、これからより多くの知見が広まることが増えればうれしいです。

想定する技術レベル

　この本は次の技術レベルを想定しています。
・カスタムランタイムに興味がある
・自分が普段使っている言語でサーバーレスを動かしてみたい
・AWS初級者〜中級者
・何かしらの言語が書ける

ゴール

　この本の内容に沿って進めることでたどり着く、最終的なゴールは次のとおりです。
・カスタムランタイムでPHPが動かせるようになる
・カスタムランタイムの内容をカスタマイズできるようになる
・PHPやフレームワークとの相性について知れる

ソースコード

　この本の中で使用している、各種コードは次のリポジトリに公開しています。もちろんプルリク大歓迎です。（日本語でもOK！）

1.AWS の Lambda、Azure の Azure Functions、Google Cloud の Cloud Function がよく使われている

https://github.com/taiko19xx/LambdaCustomRuntime_with_PHP

連絡先

誤字脱字や誤った内容などがありましたら、次の連絡先へご連絡ください。

・メール: hello@taiko19xx.net

・Twitter: @taiko19xx

いただいた情報は確認の上、著者のブログにて適時公開します。

・ブログ: https://tech.taiko19xx.net/

免責事項

本書に記載された内容は、情報の提供のみを目的としています。したがって、本書を用いた開発、製作、運用は、必ずご自身の責任と判断によって行ってください。これらの情報による開発、製作、運用の結果について、著者はいかなる責任も負いません。

表記関係について

本書に記載されている会社名、製品名などは、一般に各社の登録商標または商標、商品名です。会社名、製品名については、本文中では©、®、™マークなどは表示していません。

底本について

本書籍は、技術系同人誌即売会「技術書典6」で頒布されたものを底本としています。

第1章　必要なものをそろえよう

||||||||||||||||||||||||||||||||||||||||||||||||||||||||||||||||||||||||||||||||||||||||||||||||||||||||||||||||||||||||||||||||

種類は多くありませんが、本書を読み進めて作業するために必要なものがいくつかあります。本章では、そのセットアップや設定について紹介します。

||||||||||||||||||||||||||||||||||||||||||||||||||||||||||||||||||||||||||||||||||||||||||||||||||||||||||||||||||||||||||||||||

1.1　Docker

　カスタムランタイムの実行には、専用の実行ファイルが入ったZzipファイルを実行環境として作成する必要があります。しかしLambdaがAmazon Linux（1または2）で動作しているため、Amazon LinuxベースのDockerイメージ上で作業する必要があります。その作業に必要なDockerをインストールします。

図1.1: Docker Desktop

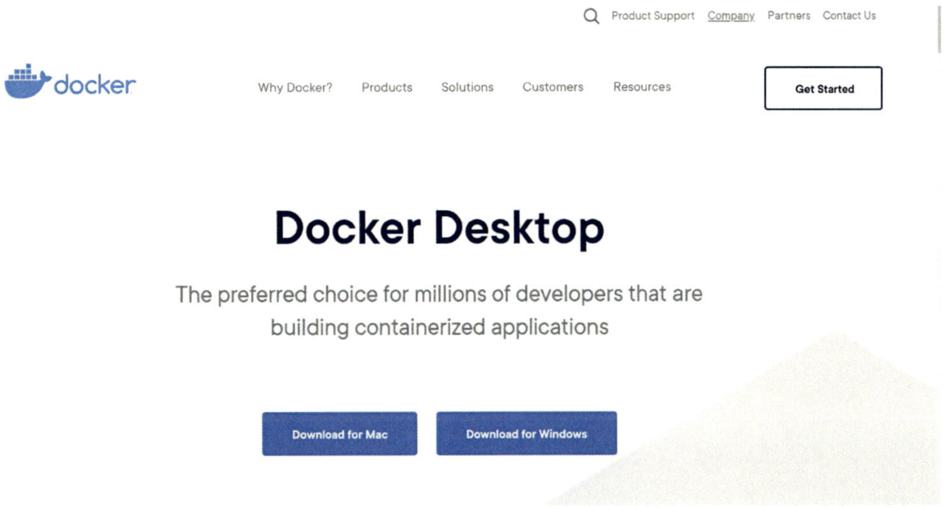

　利用するOSに合わせてDockerをインストールします。OSやディストリビューションによって方法が異なりますので、ドキュメント[1]を参照してください。Windowsの場合、Docker ToolboxやWindows Subsystem for Linux（WSL）上のDockerも利用できます。ただし、その場合本書のとおり動作しなかったり、別途設定が必要な可能性がありますのでご注意ください（本書ではDocker Desktop for Windowsで動作確認をしています）。

1.https://docs.docker.com/install/

1.2 AWSアカウント

先に書いたようにカスタムランタイムはLambda上で動作と管理をしますので、利用にはAWSのアカウントが必要です。

図1.2: Amazon Web Services（AWS）

持っていない場合は、公式サイト[2]から新規作成します。

また、本書の後半でAWS CLIを使用する場面があるため、あらかじめIAMからアクセスキーとシークレットキーを取得しておきます。取得方法についてはドキュメント[3]を参照してください。

AWSの費用について

Lambdaには無料枠がありますが、本書ではそれ以外のサービス（主にAPI Gateway）を利用するため、課金が発生します。課金額は本書のとおりに設定した場合、$1〜2程で済む想定です。請求額のアラート通知や予算設定という機能がありますので、有効に活用して使いすぎに注意しましょう。

1.3 AWS CLI

本書の前半は、ブラウザー上のマネジメントコンソールから操作を行いますが、後半はコマンドから操作をする場面があります。その場合にAWS CLIが必要となるのでインストールします。

---

2. https://aws.amazon.com/jp/
3. https://aws.amazon.com/jp/developers/access-keys/

図 1.3: AWS CLI

Windowsの場合は、公式サイト[4]からインストーラーがダウンロードできます。macOSやLinuxの場合はpip経由でインストールします。[5]Python 2.6.5以降が必要です。

```
$ pip install awscli
```

インストール後、aws --versionを実行して、バージョン情報が表示されれば問題ありません。aws configureを実行して、IAMから取得したアクセスキーとシークレットキーを登録してください。

```
$ aws --version
aws-cli/1.16.101 Python/2.7.12 Linux/4.4.0-17134-Microsoft botocore/1.12.91
$ aws configure
AWS Access Key ID [None]: （アクセスキー）
AWS Secret Access Key [None]: （シークレットキー）
Default region name [None]: ap-northeast-1
Default output format [None]: json
```

1.4 SAM CLI

AWSには、Serverless Application Model（SAM）と呼ばれるサーバーレスアプリケーション向けのフレームワークがあります。YAMLベースの設定ファイルを作成してデプロイすると、関数自体はもちろん、合わせて利用するAPIやデータベースの作成を行うためインフラ管理や連携がしや

---

[4] https://aws.amazon.com/jp/cli/
[5] パッケージ管理システムからインストールできる場合もありますが、最新版を利用できるpip経由がお勧めです

すくなります。[6]今回はそのSAMをAWS CLIと合わせて利用する場面がありますので、SAMを利用した操作に必要なSAM CLIをインストールします。

図1.4: SAM CLI

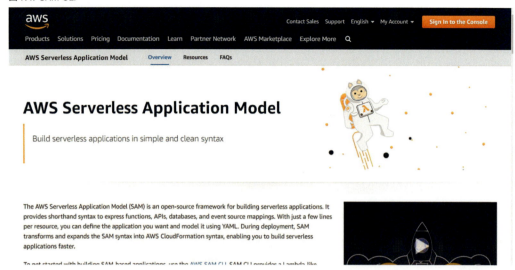

Windowsの場合は、AWS CLIと同様に公式サイト[7]からインストーラーがダウンロードできます。macOSやLinuxの場合はBrew[8]経由でインストールします。pip経由でインストールすることも可能です。

```
$ brew tap aws/tap
$ brew install aws-sam-cli
```

インストール後、`sam --version`を実行して、バージョン情報が表示されれば問題ありません。

```
$ sam --version
SAM CLI, version 0.11.0
```

---

[6] いわゆる、Infrastructure as a Code というやつです
[7] https://aws.amazon.com/jp/serverless/sam/
[8] macOSの場合はHomeBrew、Linuxの場合はLinuxBrewが利用可能です

第2章　早速使ってみよう

||||||||||||||||||||||||||||||||||||||||||||||||||||||||||||||||||||||||||||||||||||||||||||||||||||
必要な準備が整ったら、早速使ってみましょう。まずはLambdaやAPI Gatewayの必要な設定を確認しながら、すでに用意してある実行環境を利用して実行します。
||||||||||||||||||||||||||||||||||||||||||||||||||||||||||||||||||||||||||||||||||||||||||||||||||||

2.1　Lambdaの設定をする

　最初はLambdaを設定します。Lambdaでカスタムランタイムを使用する際は、本来であれば実行環境を用意する必要があります。最初は既存の実行環境を利用して、どんなように設定を進めるのか摑んでいきます。

　まずは、AWSのマネジメントコンソールにログインします。ログイン後、右上のリージョン表示（サポートの左側）が「東京」になっていない場合は、表示されている地域名を選択します。「アジアパシフィック（東京）」を選択し、リージョンを東京リージョン（ap-northeast-1）に切り替えます。

図2.1: AWSマネジメントコンソール

　その後、検索フィールドに「Lambda」と入力するか、サービスの一覧からLambdaを選択します。

図 2.2: Lambda を検索

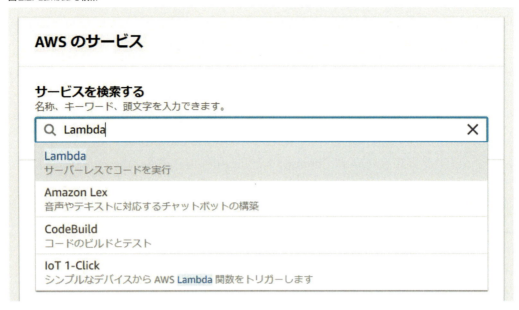

Lambda のコンソールに推移するので、「関数の作成」を選択します。

図 2.3: Lambda コンソール

「一から作成」が選択されている状態で、名前に「CustomRuntimeFirstFunction」と入力します。ランタイムはカスタムランタイムの下にある「ユーザー独自のブートストラップを提供する」を選択します。入力後、「関数の作成」を選択して関数を作成します。

図 2.4: 名前とランタイム

「おめでとうございます。Lambda 関数「CustomRuntimeFirstFunction」は正常に作成されました。」と表示され、関数の管理画面に推移すれば作成完了です。AWSに詳しい方であれば「ロールの作成は必要ないのか？」と思われるかもしれませんが、2019年の4月頃から（関数名）-（ランダム文字列）という名前でLambdaのアクセス権限を持つロールが同時に作成されるようになりました。（任意のロールの指定も引き続き可能です。）

図 2.5: 関数作成完了

次にレイヤーを追加します。レイヤーもLambdaに追加された新機能のひとつです。複数の関数で利用している共通のライブラリーなどをあらかじめレイヤーとしてアップロードしておくことで、複数の関数間でライブラリーを利用することができる機能です。今回はカスタムランタイムをレイ

ヤーとして追加します。

画面中央にあるLayersを選択し、スクロールして「レイヤーの追加」を選択します。

図2.6: レイヤーの追加

レイヤーの選択画面に推移するので、「レイヤーバージョンARNを提供」を選択します。レイヤーバージョンARNの欄には`arn:aws:lambda:ap-northeast-1:834655946912:layer:php-demo-layer:4`と入力して追加します。このARNは筆者が用意した、最低限のPHP実行環境レイヤーです。これを利用して一連の流れを確認することができます。

図2.7: 関数にレイヤーを追加

右上の保存で変更を保存します。

図 2.8: 関数を保存

次にコードを追加します。画面中央のLayersの上の関数名（CustomRuntimeFirstFunction）を選択し、画面をスクロールするとエディターが表示されます。

図 2.9: 関数コードのエディター

すでにbootstrap.sample、hello.sh.sample、README.mdというファイルがありますが、これらは使用しません。ファイル名を右クリックして出てくるメニューの「Delete」で削除します。

図2.10: ファイルを削除

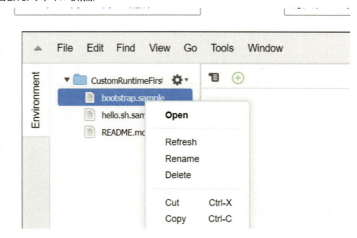

　ファイルがなくなったら、エディターメニューの「File」→「New File」で新規ファイルを作成します。

図2.11: 新規ファイル作成

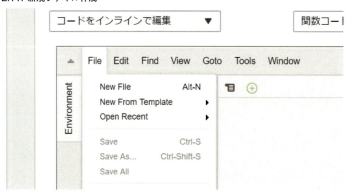

　ファイルの内容は次のコードを入力します。といっても1行のみで、PHPユーザーにはお馴染みのphpinfo()[1]です。

1.PHPの設定内容や環境情報がグラフィカルに出力される関数

リスト 2.1: index.php

```
<?php phpinfo(); ?>
```

入力後、「File」→「Save」もしくは「Ctrl+S」で保存します。ファイル名はindex.phpとします。

図2.12: ファイル保存ダイアログ

保存後、エディターの上にある「ハンドラ」の値をindex.phpに変更し、画面右上の保存で変更を保存します。

図2.13: ハンドラを変更

これでLambdaの設定は完了です。

2.2 API Gatewayの設定をする

次にAPI Gatewayの設定をします。API GatewayはAWSが提供するマネージドなAPI管理サービスです。Lambdaを初めとする各種AWSのサービスと連携することができるため、簡単にAPIを作成することができます。

ヘッダメニューから「サービス」を選択して、検索フィールドに「API Gateway」と入力するか、サービスの一覧からAPI Gatewayを選択します。

図2.14: API Gatewayへ移動

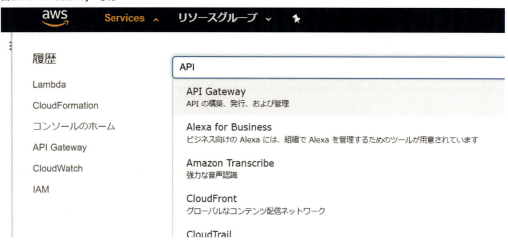

API Gatewayのコンソールに推移するので、「APIの作成」を選択します。

図2.15: API Gatewayのコンソール

選択項目はそのままで、API名に「CustomRuntimeFirstAPI」と入力して「APIの作成」を選択します。

図2.16: APIの新規作成

作成後はAPIの管理画面に推移します。続けて、「アクション」から「メソッドの作成」を選択します。

図2.17: メソッドの作成

メソッドが選択できるようになるので、「ANY」[2]を選択し、セレクトボックス横のチェックマークのアイコンを選択します。

---

2. 本来であればメソッド毎に環境を設定する作業が必要ですが、今回はANYにしてすべてのメソッドのリクエストを許可します

図2.18: メソッドの選択

メソッド作成後はAPIのセットアップ画面に推移します。もし推移しない場合は画面上の「ANY」を選択してください。セットアップ画面では、「Lambdaプロキシ統合の使用」にチェックを入れて、Lambda関数で先ほど作成した関数名を入力[3]し、右下の保存を選択します。

図2.19: メソッドのセットアップ

「API Gatewayに、Lambda関数を呼び出す権限を与えようとしています」というダイアログ表示された場合は、OKを選択します。

---

[3] 1文字でも入力すると候補がサジェストで表示されます

図2.20: 権限の許可

　しばらく待つと設定が保存されるので、次にAPIをデプロイして有効化します。先ほどの「アクション」から「APIのデプロイ」を選択します。

図2.21: APIのデプロイ

　デプロイ設定のポップアップが表示されます。デプロイされるステージは「新しいステージ」を選択し、ステージ名は「v1」にします。他は空のままで「デプロイ」を選択します。

第2章　早速使ってみよう　21

図 2.22: デプロイの設定

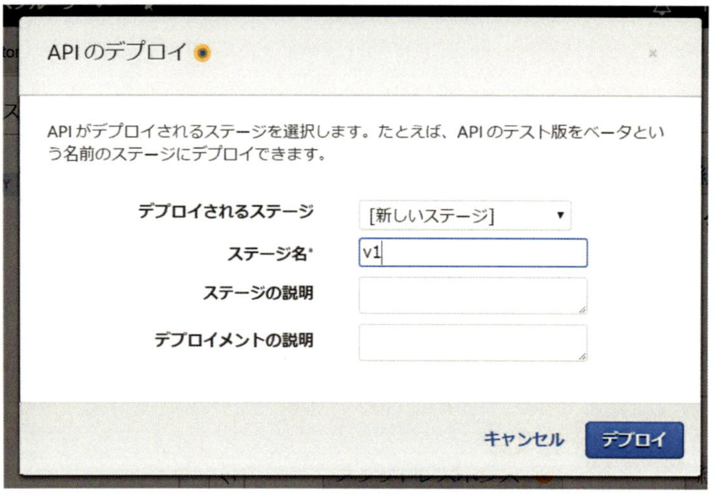

　APIのステージがデプロイされ、呼び出し先URLが定義されます。これでAPI Gatewayの設定と呼び出し準備は完了です。

図 2.23: ステージのデプロイ完了

2.3　呼び出してみる

　準備ができたので、API Gatewayの呼び出し先URLを早速表示します。

　URLにWebブラウザーでアクセスすると、`phpinfo()`の画面が表示され、現在のPHPとしての設定を確認することができます。その内容から、ホストがAmazon Linuxで動いていることや、PHP内蔵のHTTPサーバー（Built-in HTTP server）が呼び出されていることが分かります。また、い

くつか拡張機能は入っていますが数は多くありません。コアの設定ファイルである`php.ini`が読み込まれていない状態にもなっています。

図2.24: phpinfo()

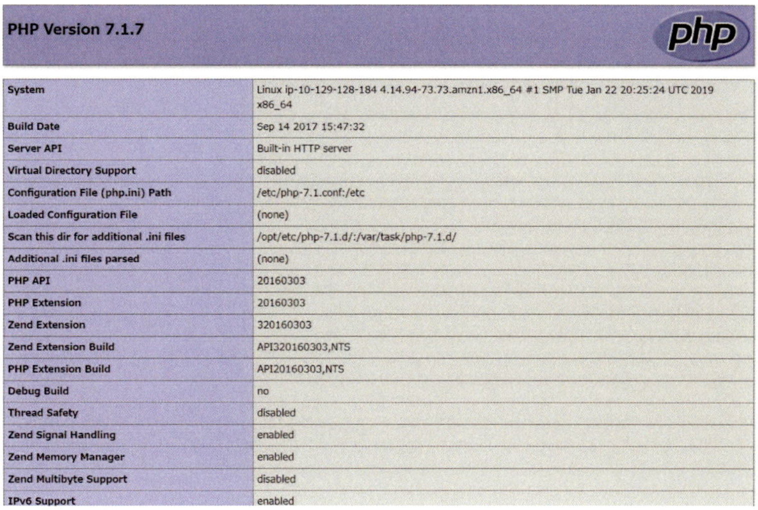

PHP Version 7.1.7

System	Linux ip-10-129-128-184 4.14.94-73.73.amzn1.x86_64 #1 SMP Tue Jan 22 20:25:24 UTC 2019 x86_64
Build Date	Sep 14 2017 15:47:32
Server API	Built-in HTTP server
Virtual Directory Support	disabled
Configuration File (php.ini) Path	/etc/php-7.1.conf:/etc
Loaded Configuration File	(none)
Scan this dir for additional .ini files	/opt/etc/php-7.1.d/:/var/task/php-7.1.d/
Additional .ini files parsed	(none)
PHP API	20160303
PHP Extension	20160303
Zend Extension	320160303
Zend Extension Build	API320160303,NTS
PHP Extension Build	API20160303,NTS
Debug Build	no
Thread Safety	disabled
Zend Signal Handling	enabled
Zend Memory Manager	enabled
Zend Multibyte Support	disabled
IPv6 Support	enabled

次章では、拡張機能を追加したりあったりPHPの設定をできるよう、カスタマイズやビルドからデプロイの方法を解説します。

第3章 応用して使ってみよう

前章であらかじめ用意した実行環境で動作させましたが、そのままではモジュールの追加や設定変更が行えず不便です。本章ではベースとなるツールを使用して、カスタムランタイムのカスタマイズやビルド、デプロイを行ってみます。

3.1 必要なものを用意する

カスタムランタイムをPHPで動作させる手段は多々あります[1]が、今回はstackery/php-lambda-layer[2]を使用します。

図3.1: stackery/php-lambda-layer

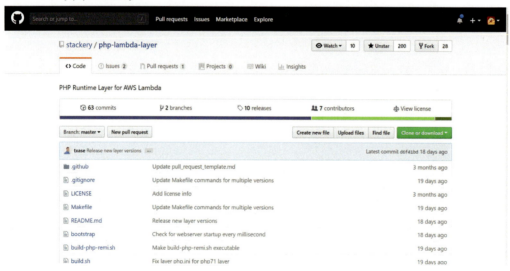

これはサーバーレスアプリケーションのモニタリングツールを開発しているStackery社が作成したツールです。ビルドに必要なスクリプトやカスタムランタイム自体を動作させるのに必要なものがまとめて入っています（2019年7月現在では、まだ試験中のためプロダクション向けではないとの記述があります）。

このリポジトリをgit cloneするか、zipで一式をダウンロードして展開します。

---

1. 今回使用するものの他に、Bref（https://bref.sh/）もあります
2. https://github.com/stackery/php-lambda-layer

3.2 PHP7.1をビルドする

準備ができたら早速ビルドします。ビルドにはスクリプトを使用しますが、スクリプトはリポジトリー内にbuild.shとbuild-php-remi.shのふたつがあります。今回はbuild.shを使用してPHP7.1の実行環境を作成します[3]。

スクリプトはAmazon LinuxベースのDockerコンテナ内で動かす必要があります。しかし、Makefileがあるためmakeが利用できる環境であれば、次のコマンドでDockerコンテナの起動からzip圧縮までの一連の動作を行うことができます。

```
$ make php71.zip
```

Windowsなど、makeが利用できない環境の場合は、次のDockerコマンドでビルドが行えます。[4]

```
PS> docker run --rm -v ${PWD}:/opt/layer lambci/lambda:build-nodejs8.10
/opt/layer/build.sh
```

実行後、php71.zipが生成されていれば問題なく実行できています。

build.shの内容を見てみる

build.shの内容を見て、どのようにビルドしているか見てみたいと思います。まず初めに、全体像は次のようになっています。

リスト3.1: build.sh

```bash
#!/bin/bash
yum install -y php71-mbstring.x86_64 zip php71-pgsql php71-mysqli

mkdir /tmp/layer
cd /tmp/layer
cp /opt/layer/bootstrap .
sed "s/PHP_MINOR_VERSION/1/g" /opt/layer/php.ini >php.ini

mkdir bin
cp /usr/bin/php bin/

mkdir lib
for lib in libncurses.so.5 libtinfo.so.5 libpcre.so.0; do
  cp "/lib64/${lib}" lib/
```

3.build-php-remi.sh は PHP7.3 の環境を作成します

4.コマンドは PowerShell で実行する場合です。${PWD}の部分を実行する環境に応じて置き換えます

第3章 応用して使ってみよう | 25

```
done

cp /usr/lib64/libedit.so.0 lib/
cp /usr/lib64/libpq.so.5 lib/

cp -a /usr/lib64/php lib/

zip -r /opt/layer/php71.zip .
```

　最初にmbstringやmysqlなどのPHP拡張を入れています。このとき、依存性の関係でPHP本体も同時にインストールされます。

```
yum install -y php71-mbstring.x86_64 zip php71-pgsql php71-mysqli
```

　次に一時ディレクトリーを用意し、必要なファイルをコピーしています。bootstrapはカスタムランタイムにおいて重要なファイルで、カスタムランタイム実行時に最初に実行されるファイルです。この中に各種記述をすることでカスタムランタイムを動作させていて、この場合はbootstrapの中でPHP built-in Serverを呼び出し、Lambdaとのやり取りをしています。

```
mkdir /tmp/layer
cd /tmp/layer
cp /opt/layer/bootstrap .
sed "s/PHP_MINOR_VERSION/1/g" /opt/layer/php.ini >php.ini
```

　PHPの実行ファイルをコピーします。

```
mkdir bin
cp /usr/bin/php bin/
```

　必要なライブラリーもコピーし、最後にzipで圧縮します。

```
mkdir lib
for lib in libncurses.so.5 libtinfo.so.5 libpcre.so.0; do
  cp "/lib64/${lib}" lib/
done

cp /usr/lib64/libedit.so.0 lib/
cp /usr/lib64/libpq.so.5 lib/

cp -a /usr/lib64/php lib/
```

```
zip -r /opt/layer/php71.zip .
```

3.3 ビルドした実行環境に差し替える

　無事ビルドできましたので、前章で作成した関数をビルドした実行環境で動作させます。変更するには作成したzipファイルをAWSにアップロードする必要があります。まずはLambdaの画面を表示している状態で、左サイドバー[5]から「Layers」を選択します。

図3.17: Lambdaサイドバー

　レイヤーの一覧が表示されるので、右上の「レイヤーの作成」を選択します。

図3.3: レイヤー一覧

---
5. サイドバーが表示されていない場合は、左側にある「三」のアイコンを押すと表示されます

名前は「phplayer-71」とし、「コードエントリタイプ」は「.zipファイルをアップロード」のまま、「アップロード」ボタンから先ほど作成したphp71.zipを選択します。その他は空欄のままで画面下の「作成」でレイヤーの作成とファイルのアップロードを行います。

図3.4: レイヤーの追加

　「お客様のレイヤー「phplayer-71」のバージョン「1」が正しく公開されました。」[6]と表示されれば成功です。右上にあるARNの文字列を控えておくか、文字列の右隣にあるボタンでARNの文字列をコピーします。

図3.5: レイヤー追加成功

---

[6]. この辺のメッセージはAWSの仕様変更により異なる文言になる可能性もありますが、成功しているようであれば先に進めてください

次に使用するレイヤーを差し替えます。左サイドバーのメニューから「関数」を選択し、関数の一覧から前章で作成した「CustomRuntimeFirstFunction」を選択します。

図 3.6: 関数一覧

「Layers」を選択すると参照されているレイヤー一覧が表示されるので、「レイヤーの追加」を選択します。

図 3.7: Layers

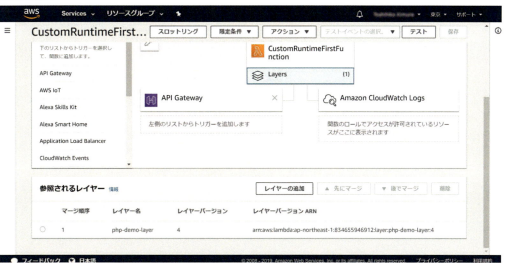

最初にレイヤーを追加した時と同じく、「レイヤーバージョン ARN を提供」を選びます。レイヤーバージョン ARN には先ほどメモした ARN を入力し、「追加」でレイヤーを追加します。

第 3 章 応用して使ってみよう | 29

図 3.8: レイヤーを関数に追加

　レイヤーが追加されますが、差し替え前のレイヤーが一覧に残っている状態です。古いレイヤーを選択して「削除」で削除します。

図 3.9: 古いレイヤー設定を削除

　その後、画面右上の「保存」で関数を保存すれば完了です。

図3.10: 設定を適用

再びAPI Gatewayで作成したAPIのURLを表示して、`phpinfo()`の画面が正しく表示されれば成功です。

図3.11: phpinfo()再び

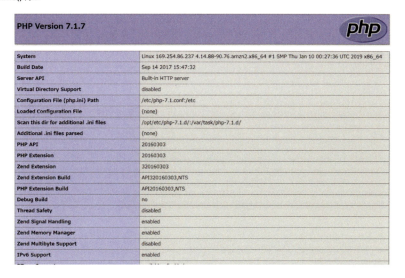

表示されない場合

API GatewayのURLを表示した際にエラー画面となったり、`Internal Server Error`の表示になる場合があります。

第3章 応用して使ってみよう | 31

図3.12: Internal Server Error

```
{"message": "Internal server error"}
```

　この場合、カスタムランタイムに問題がある可能性があります。その場合はログを確認しましょう。ログを確認するには、最初にLambdaの関数コンソールの画面で「モニタリング」のタブを選択します。

図3.13: 関数コンソール

　メトリクスを表示する画面になりますが、そのまま「CloudWatchのログを表示」を選択してCloudWatch Logsを表示します。

図3.14: モニタリング画面

ログ一覧が表示されるので、「直近のイベント時刻」が一番近い時間のログを選択します。

図3.15: CloudWatch Logs の関数ログ一覧

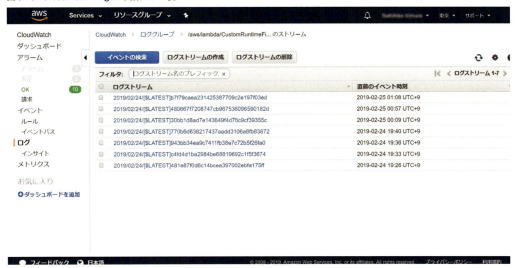

すると近々の関数の動作ログが表示されます。今回は「/opt/bin/php: error while loading shared libraries: libedit.so.0: cannot open shared object file: No such file or directory」の出力があるため、必要なライブラリー（libedit）が足りていないようです。

図3.16: 関数の実行ログ

次に、ビルドやzipの生成プロセスに問題無いかを確認します。zipファイルの中を確認したり、ファイルが足りない場合は必要なファイルがzip内に収まるよう手段を確立しましょう。ファイルの有無や`build.sh`内のコマンドの有効性を確認したい場合に、Dockerコンテナ内に入るには次のコマンドを実行します。

第3章　応用して使ってみよう　33

```
 （Linux/macOS）
$ docker run --rm -it -v $(pwd):/opt/layer lambci/lambda:build-nodejs8.10
/bin/bash
 （Windows）
PS> docker run --rm -it -v ${PWD}:/opt/layer lambci/lambda:build-nodejs8.10
/bin/bash
```

今回の場合、確かにzipファイルの中にはlibedit.so.0が入っておらず、Dockerコンテナ内にも入っていませんでした。ただ、必要なライブラリーはyum上ではインストール済み扱いになっており、build.shの中でもコピーするよう明示的に指定されている状態になっていました。この場合、対策としてbuild.shの先頭で次のように必要なパッケージを再インストールするよう指定することで解決しています。

```
#!/bin/bash
yum reinstall -y libedit
yum install -y php71-mbstring.x86_64 zip php71-pgsql php71-mysqli
```

新しいzipファイルが完成したら、再度アップロードしてレイヤーを更新します。（再アップロードについては次節以降で説明します。）

3.4　boorstrapとphp.iniの変更

新しいランタイムでもphpinfo()を表示できましたが。しかしよく見ると、build.shでインストールされたはずのmbstringやmysqlndがロードされていません。現状の設定ではphp.iniがbootstrapで起動した際に読み込まれないため、すべてデフォルトの設定が表示されています。

この状態を解決するため、bootstrapとphp.iniの変更を行います。

まずはbootstrapからです。エディターでbootstrapを開き、27行目付近のphp -S localhost:8000 -c /var/task/php.iniをphp -S localhost:8000 -c /opt/php.iniに変更します。変更後、次のようになっていれば問題ありません。

```
exec("PHP_INI_SCAN_DIR=/opt/etc/php-7.${phpMinorVersion}.d/:/var/task/php-7.${ph
pMinorVersion}.d/ php -S localhost:8000 -c /opt/php.ini -d extension_dir=/opt/li
b/php/7.${phpMinorVersion}/modules '$handler_filename'");
```

次にphp.iniを変更します。エディターでbootstrapを開き、次のように変更します。extension=mbstring.so以降の3行が増えています。

リスト 3.2: php.ini

```
extension_dir=/opt/lib/php/7.PHP_MINOR_VERSION/modules
display_errors=On

extension=curl.so
extension=json.so
extension=mbstring.so
extension=mysqlnd.so
extension=pgsql.so
```

これで変更は完了です。再度ビルドして、新しいzipファイルを生成します。

3.5 再アップロードして新バージョンの作成

新しいzipファイルをアップロードして、レイヤーの新しいバージョンを作成し、関数で使用するバージョンを差し替えます。Lambdaの各種画面を表示している状態で、左サイドバーの「Layers」を選択します。

図 3.17: Lambdaサイドバー

レイヤーの一覧に先ほど作成した「phplayer-71」があるので、レイヤー名を選択します。

図3.18: レイヤー一覧

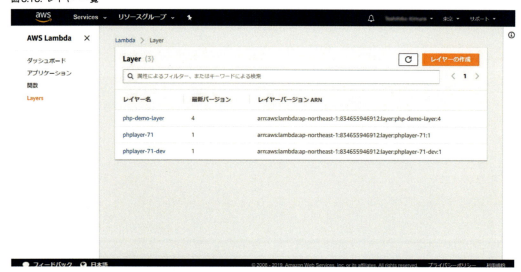

レイヤーの詳細画面に移動するので、右上の「バージョンの作成」を選択します。

図3.19: レイヤーの詳細画面

アップロードからzipファイルを選んで、「作成」でバージョンを作成します。

図 3.20: レイヤーバージョンの作成

「お客様のレイヤー「phplayer-71」のバージョン〜が正しく公開されました。」と表示されれば完了です。右上の ARN をメモしておき、「ビルドしたランタイムに差し替える」と同じように、関数のランタイムを差し替えて動作確認します。

図 3.21: バージョン作成成功

`phpinfo()` の画面に、`mbstring` などの追加した拡張が表示されれば問題ありません。無事に読込までが完了しています。

第3章 応用して使ってみよう | 37

図 3.22: phpinfo()

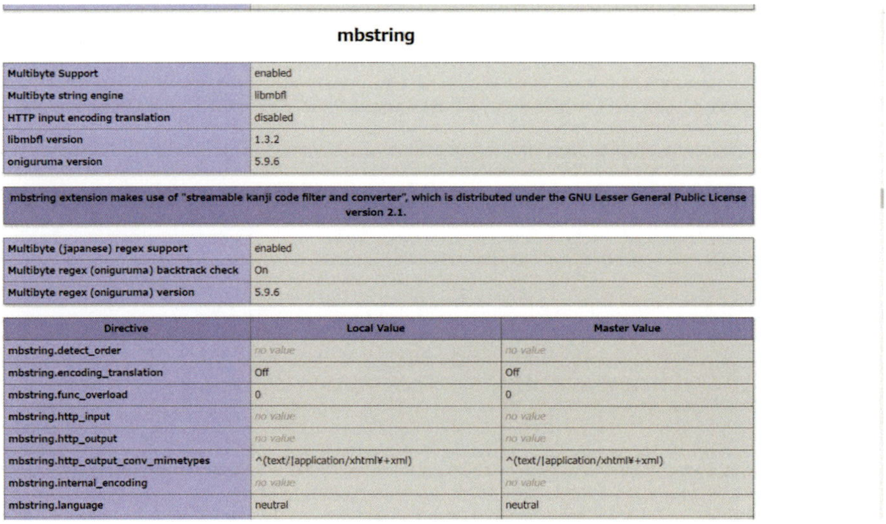

mbstring

Multibyte Support	enabled
Multibyte string engine	libmbfl
HTTP input encoding translation	disabled
libmbfl version	1.3.2
oniguruma version	5.9.6

mbstring extension makes use of "streamable kanji code filter and converter", which is distributed under the GNU Lesser General Public License version 2.1.

Multibyte (japanese) regex support	enabled
Multibyte regex (oniguruma) backtrack check	On
Multibyte regex (oniguruma) version	5.9.6

Directive	Local Value	Master Value
mbstring.detect_order	no value	no value
mbstring.encoding_translation	Off	Off
mbstring.func_overload	0	0
mbstring.http_input	no value	no value
mbstring.http_output	no value	no value
mbstring.http_output_conv_mimetypes	^(text/|application/xhtml¥+xml)	^(text/|application/xhtml¥+xml)
mbstring.internal_encoding	no value	no value
mbstring.language	neutral	neutral

3.6 Amazon S3からレイヤーをアップロードする方法

レイヤーのアップロード時、「10 MB より大きいファイルの場合は、Amazon S3 を使用したアップロードを検討してください。」という文言が表示されています。これはAWS側のアップロード容量が10MBに制限されているからという訳ではなく、例えばLambda関数のコードアップロード時など、zipファイルをアップロードする場面では全般的に推奨されている方法になります。レイヤーでも拡張を詰め込んでいると10MBを超える事も十分予想できるため、AWSが提供するオブジェクトストレージであるS3を利用したアップロードの方法を確認しておきます。

ヘッダメニューから「サービス」を選択して、検索フィールドに「S3」と入力するか、サービスの一覧からS3を選択します。

図 3.23: S3へ移動

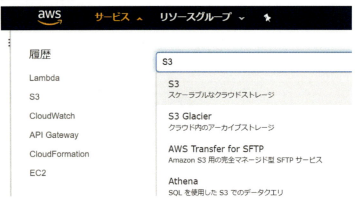

S3の管理画面へ移動し、バケット一覧が表示されるので「バケットを作成する」を選択します。

図 3.24: S3 の管理画面（Management Console）

バケット名に任意の名前を入力して「次へ」を選択します。バケット名はアカウント内ではなくリージョン内の全アカウントでユニークである必要があるため注意が必要です。

図 3.25: バケットの作成ウィザード（1）

「オプションの設定」と「アクセス許可の設定」は変更せず「次へ」を選択し、確認画面まで推移したら「バケットを作成」を選択してバケットを作成します。

第 3 章　応用して使ってみよう　│　39

図 3.26: バケットの作成ウィザード（2）

少し待つとバケットが作成され、バケット一覧に追加されます。

図 3.27: バケット作成完了

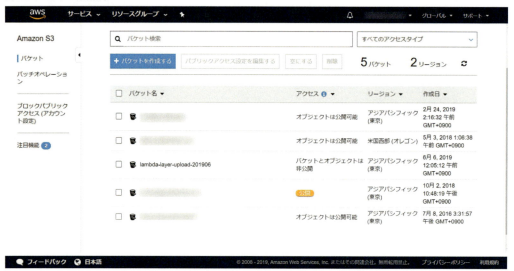

次にファイルのアップロードを行います。作成したバケット名を選択してバケット内のオブジェクト一覧が表示されたら、「アップロード」を選択してアップロード画面を表示します。その後、画面に作成した zip ファイルをドラッグアンドドロップします。

図 3.28: オブジェクト一覧

図 3.29: アップロード画面

　ファイルが登録されたら「アップロード」を選択してアップロードします。アップロードしたファイルがオブジェクト一覧に反映されればアップロード完了です。

図 3.30: アップロード確認

図 3.31: アップロード完了

アップロードした zip ファイルをレイヤーに反映します。レイヤーやバージョンの作成時のコードエントリタイプを「Amazon S3 からのファイルのアップロード」にします。「Amazon S3 のリンク URL」には次のように s3://（バケット名）/（アップロードしたファイル名）と入力します。

図 3.32: レイヤーへ反映

あとは「作成」を選択し、これまでと同様にレイヤーや新バージョンが作成されれば成功です。

3.7 拡張を追加してみる

yumから追加する

続けて、新たに拡張を追加してビルドします。PHPの場合、拡張の追加方法は主に「パッケージマネージャから追加」「pearやpeclで取得」の2種類です。前者はPHP本体もパッケージマネージャでインストールしている場合に便利です。そうでない場合やパッケージマネージャに存在しない場合も、後者の方法でインストールできます。まず初めに前者の方法で実行します。

まずは何がインストールできるか確認する必要があります。Dockerコンテナ内[7]でyum search php71を実行してみると、種類が色々あります。

```
# yum search php71
（略）
php71-embedded.x86_64 : PHP library for embedding in applications
php71-enchant.x86_64 : Enchant spelling extension for PHP applications
php71-fpm.x86_64 : PHP FastCGI Process Manager
php71-gd.x86_64 : A module for PHP applications for using the gd graphics
library
php71-gmp.x86_64 : A module for PHP applications for using the GNU MP library
php71-imap.x86_64 : A module for PHP applications that use IMAP
php71-intl.x86_64 : Internationalization extension for PHP applications
php71-json.x86_64 : JavaScript Object Notation extension for PHP
php71-ldap.x86_64 : A module for PHP applications that use LDAP
php71-mbstring.x86_64 : A module for PHP applications which need multi-byte
```

---

7. Docker コンテナへの入り方は「表示されない場合」を参照

第3章 応用して使ってみよう | 43

```
string handling
php71-mcrypt.x86_64 : Standard PHP module provides mcrypt library support
php71-mysqlnd.x86_64 : A module for PHP applications that use MySQL databases
php71-odbc.x86_64 : A module for PHP applications that use ODBC databases
php71-opcache.x86_64 : The Zend OPcache
php71-pdo.x86_64 : A database access abstraction module for PHP applications
php71-pdo-dblib.x86_64 : PDO driver Microsoft SQL Server and Sybase databases
php71-pecl-apcu.x86_64 : APC User Cache
php71-pecl-apcu-devel.x86_64 : APCu developer files (header)
php71-pecl-igbinary.x86_64 : Replacement for the standard PHP serializer
php71-pecl-igbinary-devel.x86_64 : Igbinary developer files (header)
php71-pecl-imagick.x86_64 : Extension to create and modify images using
ImageMagick
php71-pecl-imagick-devel.x86_64 : imagick extension developer files (header)
php71-pecl-memcache.x86_64 : Extension to work with the Memcached caching
daemon
php71-pecl-memcached.x86_64 : Extension to work with the Memcached caching
daemon
php71-pecl-oauth.x86_64 : PHP OAuth consumer extension
php71-pecl-redis.x86_64 : Extension for communicating with the Redis key-value
store
php71-pecl-ssh2.x86_64 : Bindings for the libssh2 library
php71-pgsql.x86_64 : A PostgreSQL database module for PHP
php71-process.x86_64 : Modules for PHP script using system process interfaces
php71-pspell.x86_64 : A module for PHP applications for using pspell interfaces
php71-recode.x86_64 : A module for PHP applications for using the recode
library
php71-snmp.x86_64 : A module for PHP applications that query SNMP-managed
devices
php71-soap.x86_64 : A module for PHP applications that use the SOAP protocol
php71-tidy.x86_64 : Standard PHP module provides tidy library support
php71-xml.x86_64 : A module for PHP applications which use XML
php71-xmlrpc.x86_64 : A module for PHP applications which use the XML-RPC
protocol
```

今回は、この中からmcrypt（php71-mcrypt）を追加します。

インストールしようとすると何がインストールされるのかは、試しにyum install php71-mcrypt
すると分かります。

```
bash-4.2# yum install php71-mcrypt
 (略)
=======================================================================
 Package         Arch       Version                Repository        Size
=======================================================================
Installing:
 php71-mcrypt     x86_64     7.1.7-1.26.amzn1       amzn-updates      72 k
Installing for dependencies:
 libmcrypt        x86_64     2.5.8-9.1.2.amzn1      amzn-main         110 k
 php71-cli        x86_64     7.1.7-1.26.amzn1       amzn-updates      4.3 M
```

```
php71-common     x86_64     7.1.7-1.26.amzn1     amzn-updates     1.3 M
php71-json       x86_64     7.1.7-1.26.amzn1     amzn-updates      78 k
php71-process    x86_64     7.1.7-1.26.amzn1     amzn-updates      92 k
php71-xml        x86_64     7.1.7-1.26.amzn1     amzn-updates     325 k
（略）
```

PHP本体と必要な拡張とmcrypt拡張に加えて、libmcryptがインストールされるようです。インストール後に/usr/lib64を見てみると、libmcryptが入っていることが確認できます。libmcryptから始まるファイルはいくつかありますが、zipファイル内に入れるのはlibmcrypt.so.4のみです。

```
# ls -d /usr/lib64/libmcrypt*
/usr/lib64/libmcrypt.so.4  /usr/lib64/libmcrypt.so.4.4.8
```

ここまでの流れで、mcryptを入れる場合は
・mcrypt拡張を追加
・php.iniに追記
・libmcrypt.so.4をzipファイル内に入れる
というフローが必要です。それを各種ファイルに反映すると次のようになります。

リスト3.3: php.ini

```
extension_dir=/opt/lib/php/7.PHP_MINOR_VERSION/modules
display_errors=On


extension=curl.so
extension=json.so
extension=mbstring.so
extension=mysqlnd.so
extension=pgsql.so
extension=mcrypt.so
```

php.iniは末尾に拡張を読み込む記述を追加したのみです。

リスト3.4: build.sh

```
#!/bin/bash


yum reinstall -y libedit
yum install -y php71-mbstring.x86_64 zip php71-pgsql php71-mysqli php71-mcrypt


mkdir /tmp/layer
cd /tmp/layer
cp /opt/layer/bootstrap .
```

第3章　応用して使ってみよう　45

```
sed "s/PHP_MINOR_VERSION/1/g" /opt/layer/php.ini >php.ini

mkdir bin
cp /usr/bin/php bin/

mkdir lib
for lib in libncurses.so.5 libtinfo.so.5 libpcre.so.0; do
  cp "/lib64/${lib}" lib/
done

cp /usr/lib64/libedit.so.0 lib/
cp /usr/lib64/libpq.so.5 lib/
cp /usr/lib64/libmcrypt.so.4 lib/

cp -a /usr/lib64/php lib/

zip -r /opt/layer/php71.zip .
```

　build.shでは最初のyumからのインストール時にphp71-mcryptをインストールし、ライブラリーのコピー時にlibmcrypt.so.4を追加するようにしています。

　この状態でビルドとアップロードをしてレイヤーを差し替え、mcrypt拡張が読み込まれていれば成功です。

図3.33: phpinfo()

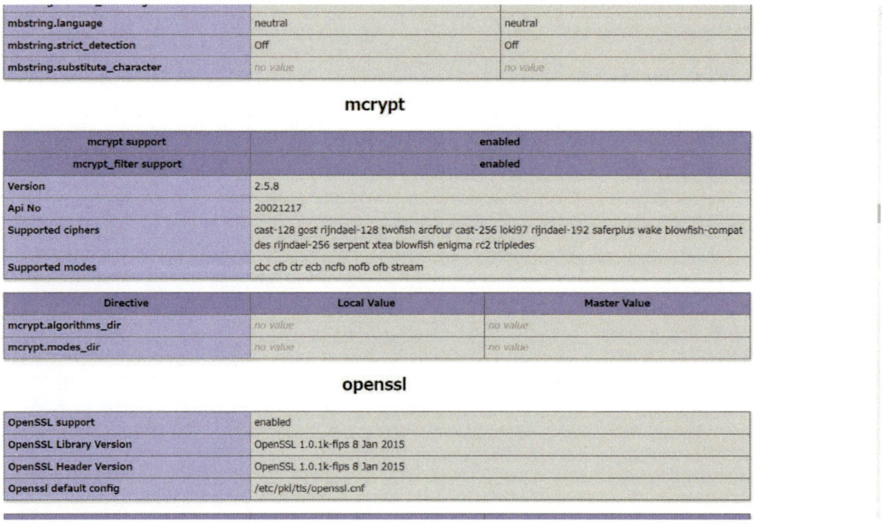

mbstring.language	neutral	neutral
mbstring.strict_detection	Off	Off
mbstring.substitute_character	no value	no value

mcrypt

mcrypt support	enabled	
mcrypt_filter support	enabled	
Version	2.5.8	
Api No	20021217	
Supported ciphers	cast-128 gost rijndael-128 twofish arcfour cast-256 loki97 rijndael-192 saferplus wake blowfish-compat des rijndael-256 serpent xtea blowfish enigma rc2 tripledes	
Supported modes	cbc cfb ctr ecb ncfb nofb ofb stream	

Directive	Local Value	Master Value
mcrypt.algorithms_dir	no value	no value
mcrypt.modes_dir	no value	no value

openssl

OpenSSL support	enabled
OpenSSL Library Version	OpenSSL 1.0.1k-fips 8 Jan 2015
OpenSSL Header Version	OpenSSL 1.0.1k-fips 8 Jan 2015
Openssl default config	/etc/pki/tls/openssl.cnf

peclで追加する

　次に、パッケージマネージャを利用しない拡張を追加します。今回はpeclを利用し、mongodb[8]を追加します。

　フローの検証用に新たにコンテナを立ち上げ、peclの利用に必要なパッケージを最初に追加します。

```
# yum install php71-devel php7-pear
```

　準備ができたら、peclでビルドとインストールを行います。次のコマンドで実行しますが、もし実行時にlibedit関係のエラーが出てきた場合は、yum -y reinstall libeditを実行してから再度試してみてください。

```
# pecl7 install mongodb
```

　無事にinstall ok:と表示されれば完了です。ドキュメントによると、必要なライブラリーも拡張の中に入っている[9]ため、別途ライブラリーを入れる必要はありません。

```
Build process completed successfully
Installing '/usr/lib64/php/7.1/modules/mongodb.so'
install ok: channel://pecl.php.net/mongodb-1.5.3
configuration option "php_ini" is not set to php.ini location
You should add "extension=mongodb.so" to php.ini
```

　ここまでの流れで、mongodbを入れる場合は
・peclの利用に必要なパッケージの追加
・peclでmongodb拡張をビルド
・php.iniに追記
というフローが必要です。それを各種ファイルに反映すると次のようになります。

リスト3.5: php.ini

```
extension_dir=/opt/lib/php/7.PHP_MINOR_VERSION/modules
display_errors=On

extension=curl.so
extension=json.so
extension=mbstring.so
extension=mysqlnd.so
```

8.http://php.net/manual/ja/set.mongodb.php

9.http://php.net/manual/ja/mongodb.installation.pecl.php

第3章　応用して使ってみよう　47

```
extension=pgsql.so
extension=mongodb.so
```

php.iniは末尾に拡張を読み込む記述を追加したのみです。

リスト3.6: build.sh
```
#!/bin/bash

yum reinstall -y libedit
yum install -y php71-mbstring.x86_64 zip php71-pgsql php71-mysqli php71-devel php
7-pear

pecl7 install mongodb

mkdir /tmp/layer
cd /tmp/layer
cp /opt/layer/bootstrap .
sed "s/PHP_MINOR_VERSION/1/g" /opt/layer/php.ini >php.ini

mkdir bin
cp /usr/bin/php bin/

mkdir lib
for lib in libncurses.so.5 libtinfo.so.5 libpcre.so.0; do
  cp "/lib64/${lib}" lib/
done

cp /usr/lib64/libedit.so.0 lib/
cp /usr/lib64/libpq.so.5 lib/

cp -a /usr/lib64/php lib/

zip -r /opt/layer/php71.zip .
```

build.shでは最初のyumからのインストール時にpeclの利用に必要なパッケージをインストールしています。その後、peclでmongodb拡張をビルドするように記述しています。

この状態でビルドとアップロードをしてレイヤーを差し替え、mongodb拡張が読み込まれていれば問題ありません。

48 | 第3章 応用して使ってみよう

図3.34: phpinfo()

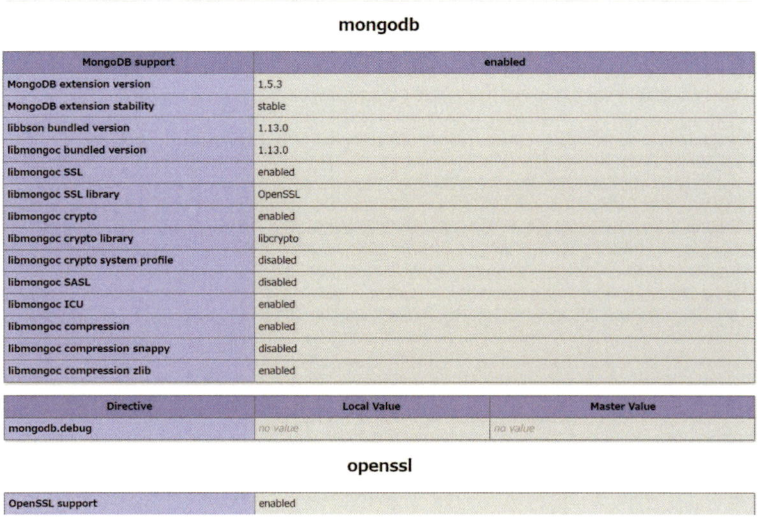

mongodb

MongoDB support	enabled
MongoDB extension version	1.5.3
MongoDB extension stability	stable
libbson bundled version	1.13.0
libmongoc bundled version	1.13.0
libmongoc SSL	enabled
libmongoc SSL library	OpenSSL
libmongoc crypto	enabled
libmongoc crypto library	libcrypto
libmongoc crypto system profile	disabled
libmongoc SASL	disabled
libmongoc ICU	enabled
libmongoc compression	enabled
libmongoc compression snappy	disabled
libmongoc compression zlib	enabled

Directive	Local Value	Master Value
mongodb.debug	no value	no value

openssl

OpenSSL support	enabled

3.8 PHP5.6をビルドする

　ここまでのPHP実行環境は7.1でしたが、bootstrapで利用している`PHP built-in Server`はPHP5.4から追加された機能です。ということは、理論上はPHP5.4〜5.6でも動くはずです。`stackery/php-lambda-layer`のREADMEには「This Lambda Runtime Layer runs the PHP 7.3/7.1 webserver」とあるため、これ以外のバージョンは今の所想定していないようですが、PHP5.6で試してみます。

　変更するのは、bootstrapとphp.iniとbuild.shの3つです。既存のファイルをコピーして、bootstrap-php5とphp.5.iniとbuildphp56.shという名前にします。

　最初はbootstrap-php5から変更します。主にパス周りをPHP5系にするのと、内部的にPHP7.1以降で利用可能な記法を利用している部分があるので、そこを編集します。まずは、28行目付近のbuilt-in Serverを起動している部分に渡しているパス周りをPHP5系に変更します。

```
exec("PHP_INI_SCAN_DIR=/opt/etc/php-5.${phpMinorVersion}.d/:/var/task/php-5.${ph
pMinorVersion}.d/ php -S localhost:8000 -c /opt/php.ini -d extension_dir=/opt/li
b/php/5.${phpMinorVersion}/modules '$handler_filename'");
```

　次に、84行目付近と197行目付近でpreg_split()の結果を受け取っている部分の記法がPHP7.1以降で対応している記法のため、list()を使った記法に変更します。2ヶ所とも同じ変更を行います。

```
// before
[$name, $value] = preg_split('/:\s*/', $header, 2);
// after
```

第3章　応用して使ってみよう　49

```
list($name, $value) = preg_split('/:\s*/', $header, 2);
```

php.5.iniは次のように必要最低限の拡張のみ読み込むようにし、拡張のインストール先パスを
PHP5.x風に変更しています。date.timezoneは、設定が無い場合に実行時にwarningが表示される
ため追加しています。

リスト3.7: php.5.ini

```
extension_dir=/opt/lib/php/5.PHP_MINOR_VERSION/modules
display_errors=On

date.timezone="Asia/Tokyo"

extension=curl.so
extension=json.so
```

最後にbuildphp56.shです。基本的なフローは変わりませんが、yumで入れるパッケージを最低
限のものに変更しているのと、ライブラリーのコピー時にJSON拡張で利用するlibjson-c.so.2を
追加しています。

リスト3.8: buildphp56.sh

```
#!/bin/bash

yum reinstall -y libedit
yum install -y php56-cli

mkdir /tmp/layer
cd /tmp/layer
cp /opt/layer/bootstrap-php5 ./bootstrap
sed "s/PHP_MINOR_VERSION/6/g" /opt/layer/php.5.ini >php.ini

mkdir bin
cp /usr/bin/php bin/

mkdir lib
for lib in libncurses.so.5 libtinfo.so.5 libpcre.so.0; do
  cp "/lib64/${lib}" lib/
done

cp /usr/lib64/libedit.so.0 lib/
cp /usr/lib64/libjson-c.so.2 lib/
```

50 │ 第3章 応用して使ってみよう

```
cp -a /usr/lib64/php lib/

zip -r /opt/layer/php56.zip .
```

　これで準備は完了です。buildphp56.shをDockerコンテナで実行してビルドすると、php56.zip
が生成されます。

```
 （Linux/macOS）
$ docker run --rm -v $(pwd):/opt/layer lambci/lambda:build-nodejs8.10
/opt/layer/buildphp56.sh
 （Windows）
PS> docker run --rm -v ${PWD}:/opt/layer lambci/lambda:build-nodejs8.10
/opt/layer/buildphp56.sh
```

　作成したzipファイルをアップロードしてレイヤーを差し替えることで実行することができます
が、別レイヤーとして作成すると管理が楽になります。アップロード後レイヤーを差し替えて実行
し、phpinfo()の表示がPHP5.6になれば成功です。確認した後はPHP7.1のレイヤーに戻しておき
ましょう（コラム参照）。

図3.35: phpinfo()

PHP Version 5.6.31	php
System	Linux ip-10-128-25-169 4.14.94-73.73.amzn1.x86_64 #1 SMP Tue Jan 22 20:25:24 UTC 2019 x86_64
Build Date	Aug 14 2017 17:37:18
Server API	Built-in HTTP server
Virtual Directory Support	disabled
Configuration File (php.ini) Path	/etc/php-5.6.conf/:etc
Loaded Configuration File	/opt/php.ini
Scan this dir for additional .ini files	/opt/etc/php-5.6.d/:/var/task/php-5.6.d/
Additional .ini files parsed	(none)
PHP API	20131106
PHP Extension	20131226
Zend Extension	220131226
Zend Extension Build	API220131226,NTS
PHP Extension Build	API20131226,NTS
Debug Build	no
Thread Safety	disabled
Zend Signal Handling	disabled
Zend Memory Manager	enabled
Zend Multibyte Support	disabled
IPv6 Support	enabled

PHPのサポートバージョン

　PHP5.6を試した部分でPHP7.1のレイヤーに戻したのは、PHP5.6がすでにサポート終了しているためです。世の中
ではさまざまなPHPバージョンが使われていますが、2019年6月現在、公式では次のサポートステータスとなってい
ます。[10]
・～PHP7.0（5.x含む）… サポート終了
・PHP7.1 … 重大なセキュリティーサポートのみ（2019/12/01まで）

第3章　応用して使ってみよう　│　51

・PHP7.2 … バグ修正を含むサポート中（2019/11/30 まで、セキュリティーサポートは 2020/11/30 まで）

・PHP7.3 … バグ修正を含むサポート中（2020/12/06 まで、セキュリティーサポートは 2021/12/06 まで）

　PHP5 系はもちろん PHP7.0 すらすでにサポートは終了していて、PHP7.1 も 2019 年ですべてのサポートが終了します。API をアクセスできるままにしておくとぜい弱性を突かれて……、ということも十分考えられます。使用しなくなった API は閉じるなり適切なバージョンに更新するといったように管理を行いましょう。

---

10. 最新情報は公式サイトの Supported Versions（http://php.net/supported-versions.php）を参照してください

第4章　コマンドでデプロイしよう

||||||||||||||||||||||||||||||||||||||||||||||||||||||||||||||||||||||||||||||||||||||||||||||||||||||||||||||||||||||

ここまではAWSのマネジメントコンソールから設定やデプロイを行いました。しかし若干手順が多く、特にデバッグ中の
トライ&エラーを繰り返すのが大変です。そこで本章では、AWS CLIを用いてLambda関数やレイヤーを操作したり、SAM
CLIを用いてLambdaやAPI Gatewayをまとめてアプリケーションとして管理する方法を紹介します。

||||||||||||||||||||||||||||||||||||||||||||||||||||||||||||||||||||||||||||||||||||||||||||||||||||||||||||||||||||||

4.1　AWS CLIで操作してみる

　まずはAWS CLIを使って、Lambda関数やレイヤーを操作します。インストールや基本的な設定
の手順については1章を参照してください。

　実際に操作する前に、Lambda関数やレイヤーの情報を表示してみましょう。関数の詳細情報を
取得する場合、次のコマンドを実行します。

```
$ aws lambda get-function --function-name （関数名）
```

　すると、次のように関数に設定されている情報がJSON[1]で返ってきます。

```
$ aws lambda get-function --function-name CustomRuntimeFirstFunction
{
  "Code": {
    "RepositoryType": "S3",
    "Location": " （略） "
  },
  "Configuration": {
    "Layers": [
      {
        "CodeSize": 2555694,
        "Arn": "arn:aws:lambda:ap-northeast-1:834655946912:layer:phplayer-71:4"
      }
    ],
    "TracingConfig": {
      "Mode": "PassThrough"
    },
    "Version": "$LATEST",
```

1.JSON以外にもテーブルやタブ区切りのテキストで表示することができますがJSONの方が見やすいです。気になる方は「--output table」や「--output text」をつけて実行し
てみてください

第4章　コマンドでデプロイしよう　53

```
    "CodeSha256": "c3RgR/qlX9tzYZQtxkJPQEXdVxaB0wmI/50DxW6P2iY=",
    "FunctionName": "CustomRuntimeFirstFunction",
    "VpcConfig": {
      "SubnetIds": [],
      "VpcId": "",
      "SecurityGroupIds": []
    },
    "MemorySize": 128,
    "RevisionId": "0d376dc2-a19a-4a08-8dab-233d5e854e95",
    "CodeSize": 135,
    "FunctionArn": "arn:aws:lambda:ap-northeast-1:834655946912:function:Custom
RuntimeFirstFunction",
    "Handler": "index.php",
    "Role": "arn:aws:iam::834655946912:role/CustomRuntimeFirstFunctionRole",
    "Timeout": 3,
    "LastModified": "2019-02-24T16:44:09.757+0000",
    "Runtime": "provided",
    "Description": ""
  }
}
```

　返ってきたJSONを見てみると、さまざまな情報が含まれています。その中で特にLayersを見てみると、その下にレイヤーが配列で設定されているのが分かります。現在は常にひとつのレイヤーのみ利用するようにしているため、ひとつしかない状態です。

　次にレイヤーの情報を表示します。その場合は次のコマンドです。

```
$ aws lambda get-layer-version --layer-name （レイヤー名） --version-number （レイヤー
バージョン）
```

　実行すると、次のようにレイヤーの情報が表示されます。本書では詳細情報をレイヤー作成時に入力していないため、表示される内容は多くありません。

```
$ aws lambda get-layer-version --layer-name phplayer-71 --version-number 4
{
  "Content": {
    "CodeSize": 5532903,
    "CodeSha256": "34LSFUer/N6inVw3OIu9Zr9U9yKWpleHfXHW+g5mVxw=",
    "Location": " （略） "
  },
  "LayerVersionArn": "arn:aws:lambda:ap-northeast-1:834655946912:layer:phplayer
-71:4",
  "Version": 4,
  "Description": "",
  "CreatedDate": "2019-02-24T16:35:13.827+0000",
  "LayerArn": "arn:aws:lambda:ap-northeast-1:834655946912:layer:phplayer-71"
}
```

次は関数やレイヤーを操作します。まずはレイヤーの新バージョンを追加しますが、コマンド自体はシンプルで次のコマンドです。「(ファイルまでのパス)」は絶対パスでも相対パスでも構いません。使用するzipファイルはこれまでに作成したものを利用します。

```
$ aws lambda publish-layer-version --layer-name （レイヤー名） --zip-file fileb://
（ファイルまでのパス）
```

新バージョンのデプロイに成功するとget-layer-versionと同じようなレスポンス[2]が返ってきますが、LayerVersionArnとVersionが新しい数字になっています。LayerVersionArnはこの後使用しますので控えておきます。

```
$ aws lambda publish-layer-version --layer-name phplayer-71 --zip-file
fileb://php71.zip
{
  "Content": {
    "CodeSize": 5532903,
    "CodeSha256": "34LSFUer/N6inVw3OIu9Zr9U9yKWpleHfXHW+g5mVxw=",
    "Location": " （略） "
  },
  "LayerVersionArn": "arn:aws:lambda:ap-northeast-1:834655946912:layer:phplayer
-71:5",
  "Version": 5,
  "Description": "",
  "CreatedDate": "2019-02-25T16:12:30.734+0000",
  "LayerArn": "arn:aws:lambda:ap-northeast-1:834655946912:layer:phplayer-71"
}
```

この新しいバージョンを関数に適用します。適用するコマンドもシンプルです。

```
$ aws lambda update-function-configuration --function-name （関数名） --layers （レ
イヤーARN）
```

成功するとget-functionのConfiguration以下と同じ内容[3]が返ってきて、Layersの中の値が指定したARNに差し替わっています。

```
$ aws lambda update-function-configuration --function-name
CustomRuntimeFirstFunction --layers arn:aws:lambda:ap-northeast-1:834655946912
:layer:phplayer-71:5
{
  "Layers": [
```

2.同じファイルを使用したため、CodeSizeやCodeSha256は同じ値になっている
3.Configurationの内容はget-function-configurationでも取得可能

```
      {
        "CodeSize": 5532903,
        "Arn": "arn:aws:lambda:ap-northeast-1:834655946912:layer:phplayer-71:5"
      }
    ],
    "FunctionName": "CustomRuntimeFirstFunction",
    "LastModified": "2019-02-25T16:16:53.249+0000",
    "RevisionId": "21f646f7-d50f-4a3a-8465-5e13b0a3410c",
    "MemorySize": 128,
    "Version": "$LATEST",
    "Role": "arn:aws:iam::834655946912:role/CustomRuntimeFirstFunctionRole",
    "Timeout": 3,
    "Runtime": "provided",
    "TracingConfig": {
      "Mode": "PassThrough"
    },
    "CodeSha256": "c3RgR/qlX9tzYZQtxkJPQEXdVxaB0wmI/50DxW6P2iY=",
    "Description": "",
    "VpcConfig": {
      "SubnetIds": [],
      "VpcId": "",
      "SecurityGroupIds": []
    },
    "CodeSize": 135,
    "FunctionArn": "arn:aws:lambda:ap-northeast-1:834655946912:function:Custom
RuntimeFirstFunction",
    "Handler": "index.php"
  }
}
```

4.2 SAM CLIで操作する

次に、SAM CLIを使ってLambdaやAPI Gatewayを管理します。SAM自体はレイヤーの管理を行えないため、レイヤーのデプロイはあらかじめWebコンソールやAWS CLIで行っておく必要があります。

ファイルの準備

まず初めに作業ディレクトリーを作成します。

```
$ mkdir sam-cli-php-app
$ cd sam-cli-php-app
```

SAM CLIでアプリケーションを管理するにはテンプレートを作成します。YAML[4]で記述するため、慣れていない場合は戸惑うかもしれません。今回は次のテンプレートを作成し、template.yaml

---

4.JSONのようなマークアップ言語のひとつ。インデントで階層を表現するが、スペースのみという制限がある

として保存します。Layersに入れている「（レイヤーARN）」は、先ほど更新したレイヤーARNか既存のレイヤーARNに書き換えてください。

リスト4.1: template.yaml

```
AWSTemplateFormatVersion: 2010-09-09
Transform: AWS::Serverless-2016-10-31

Resources:
  PHPRuntimeAppAPI:
    Type: AWS::Serverless::Api
    Properties:
      StageName: v1

  PHPRuntimeAppFunction:
    Type: AWS::Serverless::Function
    Properties:
      FunctionName: PHPRuntimeFunction
      CodeUri: src
      Runtime: provided
      Handler: index.php
      Layers:
        - （レイヤーARN）
      Events:
        api:
          Type: Api
          Properties:
            RestApiId: !Ref PHPRuntimeAppAPI
            Path: /
            Method: ANY
```

テンプレートの内容を見てみる

　ここで、テンプレートの内容について解説します。

　最初の2行はAWSTemplateFormatVersionでテンプレートの形式バージョンを指定しており、TransformでSAMの記述内容をCloudFormationのテンプレートへ変換するために必要な宣言を行っています。

```
AWSTemplateFormatVersion: 2010-09-09
Transform: AWS::Serverless-2016-10-31
```

　Resourceの下に各種設定を行います。最初はAPI Gatewayの設定で、ここではステージ名の設

第4章　コマンドでデプロイしよう　57

定のみ行っています。

```
PHPRuntimeAppAPI:
  Type: AWS::Serverless::Api
  Properties:
    StageName: v1
```

　次のリソースで関数の名前や保存先などを定義しています。Runtimeをprovidedにすることでカスタムランタイムで実行されます。レイヤーの設定はLayersの下に配列でレイヤーARNを入れています。

```
PHPRuntimeAppFunction:
  Type: AWS::Serverless::Function
  Properties:
    FunctionName: PHPRuntimeFunction
    CodeUri: src
    Runtime: provided
    Handler: index.php
    Layers:
      - （レイヤーARN）
```

　Eventsの下に関数に紐付く各種イベントを定義します。ここでは初めに設定したAPI Gatewayを紐付けていて、手動で実行した時と同じくすべてのメソッドでのリクエストを許可しています。

```
    Events:
      api:
        Type: Api
        Properties:
          RestApiId: !Ref PHPRuntimeAppAPI
          Path: /
          Method: ANY
```

　続けて、実行するスクリプトを用意します。今回はphpinfo()ではなく、少しPHPらしいスクリプトを使います。作業ディレクトリー内にsrcディレクトリーを作成し、その中に次の内容でindex.phpを作成します。

リスト4.2: index.php

```
Hello World! Runnning <?php echo $_SERVER['SERVER_SOFTWARE'] ?> on Lambda <?php
echo $_ENV['AWS_LAMBDA_FUNCTION_NAME'] ?> Function!
```

　今度は文字を表示するだけですが、Lambda上で実行していなければ取れない環境変数が含まれているものです。これでファイルの準備は完了しました。

S3バケットの作成

　SAMでデプロイする場合、S3にバケットを作成する必要があります。SAMのテンプレートからCloudFormationのテンプレートへ変換する過程で、ソースコードをS3へアップロードする必要があるためです。

　バケットもAWS CLIで作成できるため、次のコマンドで作成します。3章で作成した時と同様に、アカウント内ではなくリージョン内の全アカウントでユニークである必要があるため注意が必要です。

```
$ aws s3api create-bucket --bucket （バケット名） --create-bucket-configuration
LocationConstraint=ap-northeast-1
```

　実行して、エラーなく処理が終われば完了です。バケット名は控えておいてください。

デプロイする

　準備が整いましたので、デプロイを行います。最初にテンプレートの形式変換とスクリプトのS3へのデプロイを行う必要があるため、次のコマンドを実行します。

```
$ sam package --template-file template.yaml --output-template-file output.yaml
--s3-bucket （バケット名）
```

　「Successfully packaged artifacts and wrote output template to file output.yaml.」と表示されれば成功です。そのまま次のコマンドで、テンプレート本体のデプロイを行います。実行することでAWSの各種リソースの作成が行われるため、少し待つ必要があります。

```
$ sam deploy --template-file output.yaml --stack-name CustomRuntimeApp
--capabilities CAPABILITY_IAM
```

　「Successfully created/updated stack」と表示されれば成功です。

　さっそくAPIを確認します。API Gatewayのコンソールに「CustomRuntimeApp」というAPIが

第4章　コマンドでデプロイしよう　59

増えているため、それを選択して、「ステージ」の「v1」でURLを確認します。[5]

図4.1: API Gateway コンソール

図4.2: v1 ステージ設定

　URLを表示して、「Hello World! Runnning PHP 7.1.7[6]Development Server on Lambda PHPRuntimeFunction Function!」と画面に表示されていれば成功です。

ローカルで実行する

　デプロイを無事行えましたが、今後コードやレイヤーを修正するたびにデプロイしてデバッグを

---

5. AWS CLI でも確認できますが、少し面倒です
6. 細かいバージョンは異なる可能性があります

行うのは正直大変です。そこで、SAM CLIにあるローカルでAPIを実行する機能を利用し、ここまでで構築した環境一式をローカルで実行します。ただし、2019年6月現在SAM CLIにバグがあるようで、Windows環境ではレイヤーを利用したローカルでのAPI実行は動作しない[7]ため注意が必要です。

実行は簡単で、テンプレートのあるディレクトリー上で次のコマンドを実行します。

```
$ sam cli start-api
```

実行するとhttp://127.0.0.1:3000/にアクセスできるようになるので、ブラウザーでアクセスします。

```
$ sam local start-api
2019-06-05 12:49:34 Found credentials in shared credentials file:
~/.aws/credentials
2019-06-05 12:49:34 Mounting PHPRuntimeAppFunction at http://127.0.0.1:3000/
[GET, DELETE, PUT, POST, HEAD, OPTIONS, PATCH]
2019-06-05 12:49:34 You can now browse to the above endpoints to invoke your
functions. You do not need to restart/reload SAM CLI while working on your
functions changes will be reflected instantly/automatically. You only need to
restart SAM CLI if you update your AWS SAM template
2019-06-03 21:45:55  * Running on http://127.0.0.1:3000/ (Press CTRL+C to quit)
```

アクセスすると、レイヤーをダウンロードしてイメージのビルドを行います。環境によっては時間がかかりますが初回のみの実行です。

```
2019-06-05 12:49:38 Invoking index.php (provided)
Downloading arn:aws:lambda:ap-northeast-1:834655946912:layer:phplayer-71
[##################################]  5532847/5532847
2019-06-05 12:49:38 Image was not found.
2019-06-05 12:49:38 Building image...
2019-06-05 12:49:59 Requested to skip pulling images ...
```

イメージのビルドが完了するとコンテナが起動して内部のスクリプトが実行され、レスポンスが返されます。

```
START RequestId: 52fdfc07-2182-154f-163f-5f0f9a621d72 Version: $LATEST
END RequestId: 52fdfc07-2182-154f-163f-5f0f9a621d72
REPORT RequestId: 52fdfc07-2182-154f-163f-5f0f9a621d72 Init Duration: 43.60 ms
Duration: 16.63 ms Billed Duration: 100 ms Memory Size: 128 MB Max Memory Used:
32 MB
```

7.https://github.com/awslabs/aws-sam-cli/issues/1014

```
2019-06-05 12:52:41 14.9.13.192 - - [05/Jun/2019 12:52:41] "GET / HTTP/1.1" 200
-
2019-06-05 12:52:42 14.9.13.192 - - [05/Jun/2019 12:52:42] "GET /favicon.ico
HTTP/1.1" 403 -
```

ブラウザーを確認すると、先ほどAPI GatewayのURLにアクセスした時と同様の画面がSAM
CLIで起動した環境でも表示されています。

図 4.3: SAM CLI で API を起動している様子

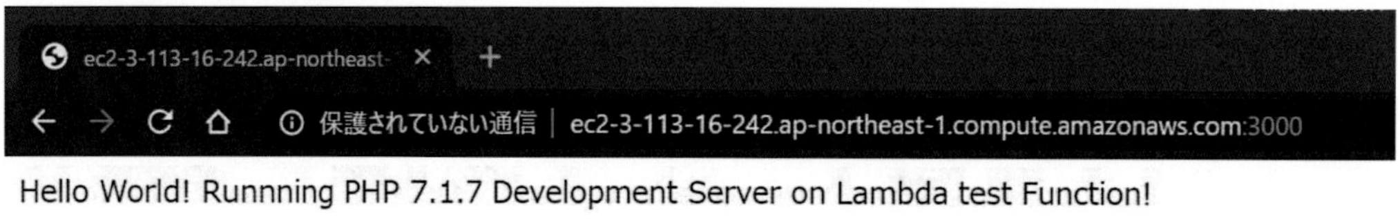

今回はEC2上で起動しているAPIにアクセスしているため、URLの部分はEC2のホスト名になっ
ています。デフォルトでは同一ホスト上からしか接続できないため、他のホストからも接続したい
場合は、start-apiの実行時に--host 0.0.0.0の引数を指定します。

アクセスの度にコンテナの起動と終了が行われるため、API Gatewayへのアクセスに比べると実
行に少し時間はかかりますが、これまでの手順と比べるとデバッグがやりやすくなりました。コー
ドの変更時は起動しているSAM CLIの再起動は必要ありませんが、テンプレートの内容を変更し
た時はSAM CLIの再起動が必要です。

4.3　デプロイしたアプリケーションを削除する

最後に、今回デプロイしたアプリケーションを削除します。アプリケーションはCloudFormation
におけるスタックという単位で管理されているため、そのスタックを削除することで関数はもちろ
んAPIも同時に削除することができます。

削除はマネジメントコンソールとAWS CLIのどちらでも行えます。SAM CLIには削除機能が
入っていない[8]ため、削除をコマンドで行う場合はAWS CLIで行います。

最初はマネジメントコンソールから削除する方法です。ヘッダメニューから「サービス」を選択
して、検索フィールドに「CloudFormation」と入力するか、サービスの一覧からCloudFormationを
選択します。

8.2019年6月現在。ちなみにSAM CLIのdeployコマンドはAWS CLIのコマンドへのエイリアスです

62　　第4章　コマンドでデプロイしよう

図4.4: CloudFormationへ移動

　CloudFormationのコンソールへ移動し、先頭のスタックが選択された状態になります[9]。もし「CustomRuntimeApp」が選択されていない場合は選択してください。「CustomRuntimeApp」が選択されていることを確認し、「削除する」を選択します。

図4.5: スタックの詳細画面

　削除確認のダイアログが表示されるので「スタックの削除」を選択します。

---

[9]. スクリーンショットと違う画面が表示された場合は、旧デザインのコンソールになっています。左上のCloudFormationをクリックすると表示される「新しいコンソール」というリンクをクリックして切り替えてください

第4章　コマンドでデプロイしよう　　63

図 4.6: スタックの削除確認

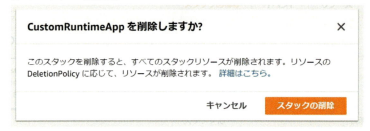

するとスタックの削除が始まり、しばらく待つと削除が完了します。削除が完了しても自動で画面は切り替わりませんので、定期的にリロードするか画面内のCloudFormationのリンクを選択し、画面をリフレッシュして確認します。

図 4.7: スタック削除中

図4.8: スタック削除完了

次にAWS CLIから削除する方法です。削除は次のコマンドを実行します。

```
$ aws cloudformation delete-stack --stack-name （スタック名）
```

実際に「CustomRuntimeApp」に対して実行すると次のようになります。`delete-stack`を実行してもレスポンスは特に返ってこないので、`describe-stacks`を実行して状態を確認します。`describe-stacks`のレスポンスにある`StackStatus`が「DELETE_IN_PROGRESS」になっていれば削除が進行しています。

```
$ aws cloudformation delete-stack --stack-name CustomRuntimeApp
$ aws cloudformation describe-stacks --stack-name CustomRuntimeApp
{
  "Stacks": [
    {
      "StackId": "arn:aws:cloudformation:ap-northeast-1:834655946912:stack/
CustomRuntimeApp/0fc10c40-903f-11e9-acba-0e819627e6da",
      "DriftInformation": {
        "StackDriftStatus": "NOT_CHECKED"
      },
      "DeletionTime": "2019-06-16T14:07:30.009Z",
      "Tags": [],
      "EnableTerminationProtection": false,
      "CreationTime": "2019-06-16T14:00:13.351Z",
      "Capabilities": [
        "CAPABILITY_IAM"
```

```
    ],
    "StackName": "CustomRuntimeApp",
    "NotificationARNs": [],
    "StackStatus": "DELETE_IN_PROGRESS",
    "LastUpdatedTime": "2019-06-16T14:00:18.784Z",
    "DisableRollback": false,
    "RollbackConfiguration": {}
  }
 ]
}
```

describe-stacksを実行してdoes not existのエラーが返ってくれば削除完了です。

```
$ aws cloudformation describe-stacks --stack-name CustomRuntimeApp
An error occurred (ValidationError) when calling the DescribeStacks operation:
Stack with id CustomRuntimeApp does not exist
```

第5章　フレームワークを使ってみよう

ここからは応用編です。まず本章ではフレームワークを Lambda 上で動作させます。Lambda 特有の制限やフレームワーク毎の動作の違いなどもありますので、試行錯誤が必要です。

5.1　前提条件

　Lambda と API Gateway の組み合わせは、MVC でいうビューを利用する Web アプリケーション[1]の構築には現状あまり向いていないため、今回は RESTful な API のエンドポイントを構築するという前提で設定を行います。処理的には、「/hello にアクセスするとシンプルな JSON を返す」という動作です。返す際も間に特殊な処理は入れず、シンプルに返すだけです。

　本章ではいくつかのフレームワークを利用します。その設定の行程において、PHP のローカル実行環境と Composer が必要ですので、あらかじめインストールしておきます。PHP は Lambda と同じく 7.1、Composer は最新版を利用します。さらに、Composer によるインストールの過程において、拡張のインストールや設定が必要な場合があります[2]のでご注意ください。これは Composer の設定ファイルである composer.json で拡張が必須になっている場合、拡張がないと先に進めないためです。もし何らかの理由でローカル環境に拡張が入れられない場合は、--ignore-platform-reqs を付与する事で、Composer によるインストール時のチェックを回避が可能です。

　また、設定やデプロイは前章で利用した AWS CLI や SAM を利用して実行します。内容自体はこれまでやってきたレイヤーやソースコードのデプロイ、関数の設定変更ですので、マネジメントコンソールを利用して同様の設定することも可能です。

5.2　Slim Framework 3

　まずは Slim Framework 3（以下 Slim3）から動かしてみます。Slim3 は PHP で利用できるフレームワークの中でも軽量で、他のフレームワークに比べて自由度が高めなため、非常にシンプルにアプリケーションを作成できます。

　最初に作業用ディレクトリーを作成し、その中にさらに src ディレクトリーを作成します。作業用ディレクトリー直下には SAM のテンプレートを格納し、src より下にアプリケーションを構築し

1.HTML/JavaScript/CSS を利用し、それらをレスポンスとして返す

2.Windows 版の場合は、php.ini で拡張が無効になっている場合がほとんどのため、必要なコメントを解除するだけで OK です。macOS や Linux の場合は別途インストールや設定が必要な場合があります

ます。

```
$ mkdir slim3-app && cd slim3-app
$ mkdir src
```

srcの中でSlim3をパッケージとして追加します。インストール後はvendorディレクトリーが
作成され、その下に各種ライブラリーが入っています。また、Composerのパッケージ管理データ
（composer.jsonやcomposer.lock）も作成されています。

```
$ composer require slim/slim "^3.0"
```

srcの中にpublicディレクトリーを作成し、その中にindex.phpファイルを次の内容で作成し
ます。

```
$ mkdir public
$ nano public/index.php
```

リスト5.1: index.php

```php
<?php
use \Psr\Http\Message\ServerRequestInterface as Request;
use \Psr\Http\Message\ResponseInterface as Response;

require '../vendor/autoload.php';

$app = new \Slim\App;
$app->get('/hello', function (Request $request, Response $response, array $args)
{
    return $response->withJson(['hello' => 'world']);
});
$app->run();
```

　これでアプリケーションは完成です。
　次に、作業ディレクトリー直下にSAMのテンプレートを作成します。テンプレートは次の内容
で、レイヤーは既存の物が利用できます。これまでのテンプレートに加えて、Eventsに/{proxy+}
というリソースが増えていますが、これはプロキシリソース機能をサイトルート以下すべてに適用
するための記述です。詳しくはドキュメント[3]に譲りますが、サイトルート以下へのアクセスをすべ
てLambdaで処理したい時に便利な機能です。

3.https://docs.aws.amazon.com/ja_jp/apigateway/latest/developerguide/api-gateway-set-up-simple-proxy.html

68　　第5章　フレームワークを使ってみよう

リスト5.2: template.yaml

```yaml
AWSTemplateFormatVersion: 2010-09-09
Transform: AWS::Serverless-2016-10-31

Resources:
  PHPSlim3TestSAMAPI:
    Type: AWS::Serverless::Api
    Properties:
      StageName: v1
  PHPSlim3TestSAMFunction:
    Type: AWS::Serverless::Function
    Properties:
      FunctionName: PHPSlim3TestSAM
      CodeUri: src
      Runtime: provided
      Handler: public/index.php
      Layers:
        - (レイヤーARN)
      Events:
        rootAPI:
          Type: Api
          Properties:
            RestApiId: !Ref PHPSlim3TestSAMAPI
            Path: /
            Method: ANY
        proxyAPI:
          Type: Api
          Properties:
            RestApiId: !Ref PHPSlim3TestSAMAPI
            Path: /{proxy+}
            Method: ANY
```

準備が整ったらさっそくデプロイします。デプロイのフローは前章で説明した手順と同じです。

```
$ sam package --template-file template.yaml --output-template-file output.yaml
--s3-bucket (バケット名)
$ sam deploy --template-file output.yaml --stack-name PHPSlim3TestSAM
--capabilities CAPABILITY_IAM
```

完了すると、新たにLambda関数やAPI Gatewayの設定が作成されています。「PHPSlim3TestSAM」というAPIのURLを確認し、https:// (APIのURL) /helloにアクセ

第5章　フレームワークを使ってみよう　│　69

そして、{"hello": "world"}というJSONが表示されていれば問題ありません。

　https://（APIのURL）/にアクセスすると、「Page Not Found」というSlim3で生成される404ページの画面が表示され、Slim3で動作していることも確認できます。

図5.1: Slim3の404

Page Not Found

The page you are looking for could not be found. Check the address bar to ensure your URL is spelled correctly. If all else fails, you can visit our home page at the link below.

Visit the Home Page

5.3　CodeIgniter

　もうひとつの軽量フレームワークであるCodeIgniterを試します。Slim3と次節以降に使用するフルスタックなフレームワークの間くらいの容量ですが、その分Slim3に比べてある程度用意がされているため、すぐにアプリケーションを作り始めたいという時に最適です。

　CodeIgniterはComposer経由ではなく、公式サイトからzipをダウンロードします。その後作業用ディレクトリーを作成し、その中にsrcとしてzipの中身を移動します。

```
$ wget -O CodeIgniter-3.1.10.zip https://codeload.github.com/bcit-ci/
CodeIgniter/zip/3.1.10
$ unzip CodeIgniter-3.1.10.zip
$ mkdir codeigniter-app
$ mv CodeIgniter-3.1.10/ codeigniter-app/src/
$ cd codeigniter-app/src
```

　今回はコントローラーをapplication/controllers/Hello.phpとして次の内容で作成します。

リスト5.3: Hello.php

```
<?php
class Hello extends CI_Controller {
  public function index()
```

70　　第5章　フレームワークを使ってみよう

```
{
    $this->output
            ->set_content_type('application/json')
            ->set_output(json_encode(['hello' => 'world']));
    }
}
```

作業ディレクトリー直下にSAMのテンプレートを作成します。内容はSlim3とほぼ同様です。

リスト5.4: template.yaml

```
AWSTemplateFormatVersion: 2010-09-09
Transform: AWS::Serverless-2016-10-31

Resources:
  PHPCodeIgniterTestSAMAPI:
    Type: AWS::Serverless::Api
    Properties:
      StageName: v1
  PHPCodeIgniterTestSAMFunction:
    Type: AWS::Serverless::Function
    Properties:
      FunctionName: PHPCodeIgniterTestSAM
      CodeUri: src
      Runtime: provided
      Handler: index.php
      Layers:
        - (レイヤーARN)
      Events:
        rootAPI:
          Type: Api
          Properties:
            RestApiId: !Ref PHPCodeIgniterTestSAMAPI
            Path: /
            Method: ANY
        proxyAPI:
          Type: Api
          Properties:
            RestApiId: !Ref PHPCodeIgniterTestSAMAPI
            Path: /{proxy+}
            Method: ANY
```

第5章 フレームワークを使ってみよう | 71

準備が整ったらデプロイを行います。

```
$ sam package --template-file template.yaml --output-template-file output.yaml
--s3-bucket （バケット名）
$ sam deploy --template-file output.yaml --stack-name PHPCodeIgniterTestSAM
--capabilities CAPABILITY_IAM
```

完了後、「PHPCodeIgniterTestSAM」という API の URL を確認し、`https://`（APIのURL）`/hello` にアクセスして JSON が表示されていれば問題ありません。

`https://`（APIのURL）にアクセスすると「Welcome to CodeIgniter!」という CodeIgniter のデフォルトページが表示できるのも確認できます。

図5.2: CodeIgniter のデフォルトトップページ

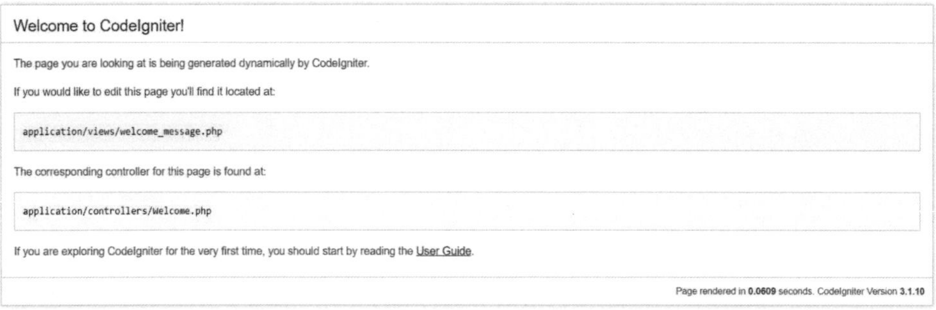

5.4　CakePHP3

ここからはフルスタックなフレームワークです。最初は CakePHP3 を試します。一時期に比べると勢いはなくなりましたが、国内では相変わらず人気のあるフレームワークです。構造として Ruby on Rails の概念を多く取り入れているのが特徴です。

まずは作業用ディレクトリーを作成します。

```
$ mkdir cake3-app && cd cake3-app
```

次に、composer を利用してプロジェクト一式を作成します。その際に指定するディレクトリー名（プロジェクト名）を src にし、質問は Y を選択します。

```
$ composer create-project --prefer-dist cakephp/app src
$ cd src
```

　準備ができたら、コントローラの追加と設定変更を行います。コントローラは次の内容で、src/Controller/HelloController.php[4]で作成します。

リスト5.5: HelloController.php

```php
<?php
namespace App\Controller;

class HelloController extends AppController
{
    public function index()
    {
        $response = $this->response
            ->withType('application/json')
            ->withStringBody(json_encode(['hello' => 'world']));

        return $response;
    }
}
```

　次に設定変更です。デフォルトの状態ではログやキャッシュを書き込もうとしてエラーになってしまいます。これはLambdaの環境がリードオンリーなため[5]に発生します。これを回避するため、キャッシュを無効にし、ログを標準エラー出力に渡すよう変更します。

　変更するファイルはconfig/app.phpです。キャッシュの無効化は、90行目付近にある「Cache」設定内の、4ヶ所ある「className」をすべてCake\Cache\Engine\NullEngineにします。

```
'Cache' => [
  'default' => [
    'className' => 'Cake\Cache\Engine\NullEngine',
    'path' => CACHE,
    'url' => env('CACHE_DEFAULT_URL', null),
  ],
```

　ログの出力先変更は、317行目付近の「Log」設定内の、4ヶ所ある「className」をすべてCake\Log\Engine\ConsoleLogにします。これで設定変更は完了です。

---

4. ややこしいですが、Composerで作成したsrcディレクトリーの中にsrcディレクトリーがあります
5. 恐らくパーミッションの変更も不可能

第5章　フレームワークを使ってみよう　｜　73

```
'Log' => [
  'debug' => [
    'className' => 'Cake\Log\Engine\ConsoleLog',
    'path' => LOGS,
    'file' => 'debug',
    'url' => env('LOG_DEBUG_URL', null),
    'scopes' => false,
    'levels' => ['notice', 'info', 'debug'],
  ],
```

あとはデプロイするだけなのですが、このままですとパッケージにPHPUnit[6]などが含まれてしまい、容量が非常に大きくなります。それにより圧縮処理やアップロードに時間がかかってしまうため、開発向けのパッケージは除外します。

srcに移動して、composer.jsonがあるのを確認し、次のコマンドを実行します。--no-devを指定することで、composer.json内で開発用に指定されているパッケージをライブラリー（vendorディレクトリー）内から除外することができます。

```
$ composer install --no-dev
```

準備が整いましたので、作業ディレクトリー直下にSAMのテンプレートを作成します。これまでとほぼ同じですが、レイヤーに入れるPHPは、CakePHP3のシステム要件[7]に合わせてmbstring・intl・simplexmlの拡張が入っているものを使用します。

リスト5.6: template.yaml
```
AWSTemplateFormatVersion: 2010-09-09
Transform: AWS::Serverless-2016-10-31

Resources:
  PHPCake3TestSAMAPI:
    Type: AWS::Serverless::Api
    Properties:
      StageName: v1
  PHPCake3TestSAMFunction:
    Type: AWS::Serverless::Function
    Properties:
      FunctionName: PHPCake3TestSAM
      CodeUri: src
```

6.PHP向けのテストスイート

7.https://book.cakephp.org/3.0/ja/installation.html#id2

74　　第5章　フレームワークを使ってみよう

```
Runtime: provided
Handler: webroot/index.php
Layers:
  - （レイヤーARN）
Environment:
  Variables:
    DEBUG: false
Events:
  rootAPI:
    Type: Api
    Properties:
      RestApiId: !Ref PHPCake3TestSAMAPI
      Path: /
      Method: ANY
  proxyAPI:
    Type: Api
    Properties:
      RestApiId: !Ref PHPCake3TestSAMAPI
      Path: /{proxy+}
      Method: ANY
```

準備が整ったらデプロイを行います。

```
$ sam package --template-file template.yaml --output-template-file output.yaml
--s3-bucket （バケット名）
$ sam deploy --template-file output.yaml --stack-name PHPCake3TestSAM
--capabilities CAPABILITY_IAM
```

完了後、「PHPCake3TestSAM」というAPIのURLを確認し、https://（APIのURL）/helloにアクセスしてJSONが表示されていれば問題ありません。

https://（APIのURL）にアクセスすると「Please replace src/Template/Pages/home.ctp with your own version or re-enable debug mode.」という画面が表示されます。これは、デバッグモードがオフの場合かつテンプレートが書き換わっていない状態で表示される画面です。

第5章　フレームワークを使ってみよう　75

図5.3: CakePHP3 のエラー表示

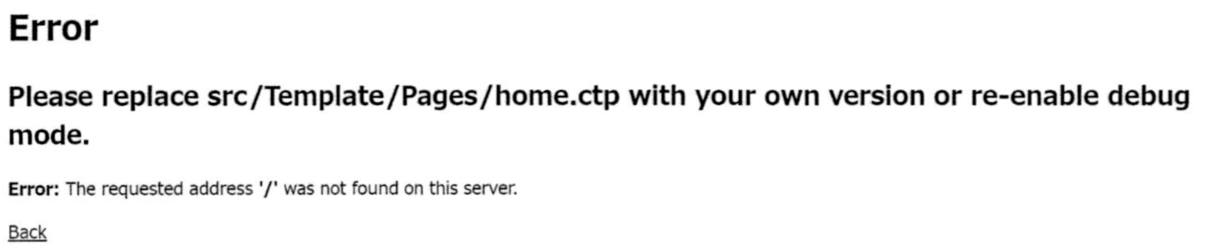

Error

Please replace src/Template/Pages/home.ctp with your own version or re-enable debug mode.

Error: The requested address '/' was not found on this server.

Back

5.5 Yii Framework

次にYii Frameworkを試します。Yii Frameworkは国内ではマイナーなのですが、ロシアや中国での採用例が多いフレームワークです。PHP5で動作することが前提なのですが、PHP7でも動くようですので今回試してみました。

まずは作業用ディレクトリーを作成します。

```
$ mkdir yii-app && cd yii-app
```

次に、composerを利用してプロジェクト一式を作成します。CakePHP3と同様に、指定するディレクトリー名（プロジェクト名）をsrcにし、質問はYを選択します。

```
$ composer create-project --prefer-dist yiisoft/yii2-app-basic src
$ cd src
```

準備ができたら、コントローラの追加と設定変更を行います。コントローラは次の内容で、controllers/HelloController.phpに作成します。

リスト5.7: HelloController.php

```
<?php

namespace app\controllers;
```

76 | 第5章 フレームワークを使ってみよう

```php
use Yii;
use yii\web\Controller;
use yii\web\Response;

class HelloController extends Controller
{
    public function actionIndex()
    {
        yii::$app->response->format = \yii\web\Response::FORMAT_JSON;
        return ['hello' => 'world'];
    }
}
```

　次に設定変更です。CakePHP3と同様に、キャッシュとログの書込を無効化します。

　変更するファイルはconfig/web.phpです。キャッシュの無効化は、23行目付近にある「Cache」設定内の「class」をyii\caching\ArrayCacheにします。

```php
'cache' => [
  'class' => 'yii\caching\ArrayCache',
],
```

　ログは、39行目付近の「Log」設定内の、「class」をyii\log\SyslogTargetにします。これで設定変更は完了です。

```php
'log' => [
  'traceLevel' => YII_DEBUG ? 3 : 0,
  'targets' => [
    [
      'class' => 'yii\log\SyslogTarget',
      'levels' => ['error', 'warning'],
    ],
  ],
],
```

　最後に、web/index.phpの4〜5行目をコメントアウトします。

```php
<?php

// comment out the following two lines when deployed to production
// defined('YII_DEBUG') or define('YII_DEBUG', true);
```

第5章　フレームワークを使ってみよう　77

```
// defined('YII_ENV') or define('YII_ENV', 'dev');
```

これでアプリケーションの設定は完了です。今回も開発用パッケージが含まれている状態のため、
デプロイ前に除外しておきます。

```
$ composer install --no-dev
```

準備が整いましたので、作業ディレクトリー直下にSAMのテンプレートを作成します。内容はこ
れまでとほぼ同じです。CakePHP3のように必須となるモジュールはないため、どのレイヤーでも
動きます。

リスト 5.8: template.yaml

```
AWSTemplateFormatVersion: 2010-09-09
Transform: AWS::Serverless-2016-10-31

Resources:
  PHPYiiTestSAMAPI:
    Type: AWS::Serverless::Api
    Properties:
      StageName: v1
  PHPYiiTestSAMFunction:
    Type: AWS::Serverless::Function
    Properties:
      FunctionName: PHPYiiTestSAM
      CodeUri: src
      Runtime: provided
      Handler: web/index.php
      Layers:
        - (レイヤーARN)
      Events:
        rootAPI:
          Type: Api
          Properties:
            RestApiId: !Ref PHPYiiTestSAMAPI
            Path: /
            Method: ANY
        proxyAPI:
          Type: Api
          Properties:
            RestApiId: !Ref PHPYiiTestSAMAPI
```

```
Path: /{proxy+}
Method: ANY
```

準備が整ったらデプロイを行います。

```
$ sam package --template-file template.yaml --output-template-file output.yaml
--s3-bucket （バケット名）
$ sam deploy --template-file output.yaml --stack-name PHPYii3TestSAM
--capabilities CAPABILITY_IAM
```

完了後、「PHPYii3TestSAM」というAPIのURLを確認し、https:// （APIのURL）/?r=helloに
アクセスしてJSONが表示されていれば問題ありません。

5.6 Laravel

次はLaravelです。Laravelは今勢いのあるフレームワークで、最近は採用例が多いのではないで
しょうか。非常に高機能でその反面重いという所もありますが、それが気にならなくなるくらい使
いやすいフレームワークです。

まず初めに、Laravel InstallerをComposer経由で追加します。

```
$ composer global require laravel/installer
```

その後、作業用ディレクトリーを作成し、その中でプロジェクト一式を作成します。これまでと
同様に、指定するディレクトリー名（プロジェクト名）をsrcにします。

```
$ mkdir laravel-app && cd laravel-app
$ laravel new src
$ cd src
```

JSONを表示するルーターの設定を行います。特に処理も行わないため、今回は直接出力処理を
追加します。routes/web.phpを次のように変更します。

リスト5.9: routes/web.php
```
<?php

Route::get('/', function () {
    return view('welcome');
});


Route::get('/hello', function() {
```

第5章 フレームワークを使ってみよう 79

```
    return ['hello' => 'world'];
});
```

アプリケーションの準備はこれだけです。Laravelもログやキャッシュの出力を行いますが、環境
変数で制御を行うためアプリケーション側は調整しません。これまで同様に開発向けパッケージが
含まれている状態のため、あらかじめ除外してきます。

```
$ composer install --no-dev
```

作業ディレクトリー直下にSAMのテンプレートを作成します。

リスト5.10: template.yaml

```
AWSTemplateFormatVersion: 2010-09-09
Transform: AWS::Serverless-2016-10-31

Resources:
  PHPLaravelTestSAMAPI:
    Type: AWS::Serverless::Api
    Properties:
      StageName: v1
  PHPLaravelTestSAMFunction:
    Type: AWS::Serverless::Function
    Properties:
      FunctionName: PHPLaravelTestSAM
      CodeUri: src
      Runtime: provided
      Handler: public/index.php
      Layers:
        - (レイヤーARN)
      Environment:
        Variables:
          CACHE_DRIVER: array
          LOG_CHANNEL: stderr
          SESSION_DRIVER: array
      Events:
        rootAPI:
          Type: Api
          Properties:
            RestApiId: !Ref PHPLaravelTestSAMAPI
            Path: /
            Method: ANY
```

```
    proxyAPI:
      Type: Api
      Properties:
        RestApiId: !Ref PHPLaravelTestSAMAPI
        Path: /{proxy+}
        Method: ANY
```

　ここで注意が必要なのはレイヤーです。Slim3やCakePHP3に比べて、次の多くの拡張を有効化する必要があります[8]が、すべてyum経由でインストールできます。

・OpenSSL

・PDO

・mbstring

・Tokenizer

・xml

・ctype

・JSON

・BCMath

準備が整ったらデプロイを行います。

```
$ sam package --template-file template.yaml --output-template-file output.yaml
--s3-bucket （バケット名）
$ sam deploy --template-file output.yaml --stack-name PHPLaravelTestSAM
--capabilities CAPABILITY_IAM
```

　完了後、「PHPLaravelTestSAM」というAPIのURLを確認し、https:// (APIのURL) /helloにアクセスJSONが表示されていれば問題ありません。

　https:// (APIのURL) /にアクセスすると「Internal Server Error」になります。CloudWatch Logを確認すると、「failed to open stream: Read-only file system」のエラーとなっています。これは、Laravelで標準利用されるテンプレートエンジン（Blade）が、変換結果をいったんキャッシュとして出力した後にクライアントに送信する、というフローを取っているためです。もしこれを回避する場合、resources/views/welcome.blade.phpからBladeの記法を除いてwelcome.phpにリネームすると、テンプレートエンジンを介さずに表示することができます。

8.https://laravel.com/docs/5.8/installation

第5章　フレームワークを使ってみよう　81

図5.4: Laravel のデフォルトトップページ

5.7 Phalcon

　最後はPhalconです。Phalconは数あるフレームワークの中で最速と呼ばれていますが、その理由はフレームワーク本体がPHPの拡張としてC言語で書かれており、起動時にすべて読み込んでしまうためです。そんな風変わりのフレームワークなので、動かすのも一苦労ですが頑張って動かします。

　最初に専用のレイヤーのビルドを行います。先ほど書いたようにPHPの拡張として書かれているため、レイヤーの中に埋め込む必要があるためです。

　php.ini は次の内容にします。必須モジュールに加えて、Phalcon自体も読み込んでいることが分かります。

リスト5.11: php.ini

```
extension_dir=/opt/lib/php/7.PHP_MINOR_VERSION/modules
display_errors=On

extension=curl.so
extension=json.so
extension=mbstring.so
extension=mysqlnd.so
extension=pgsql.so
extension=pdo.so
extension=pdo_mysql.so
extension=gettext.so
extension=fileinfo.so
```

```
extension=gd.so
extension=phalcon.so
```

　build.shは次の内容です。Phalcon自体をビルドしたり、php71-gdに必要なライブラリーをコピーするよう追記しています。

リスト 5.12: build.sh

```
#!/bin/bash

yum reinstall -y libedit
yum install -y php71-mbstring.x86_64 zip php71-pgsql php71-mysqli php71-devel php
71-gd

git clone https://github.com/phalcon/cphalcon
cd cphalcon
git checkout tags/v3.4.3
cd build
./install

mkdir /tmp/layer
cd /tmp/layer
cp /opt/layer/bootstrap .
sed "s/PHP_MINOR_VERSION/1/g" /opt/layer/php.ini >php.ini

mkdir bin
cp /usr/bin/php bin/

mkdir lib
for lib in libncurses.so.5 libtinfo.so.5 libpcre.so.0; do
  cp "/lib64/${lib}" lib/
done

cp /usr/lib64/libedit.so.0 lib/
cp /usr/lib64/libpq.so.5 lib/
cp /usr/lib64/libXpm.so.4 lib/

cp -a /usr/lib64/php lib/

zip -r /opt/layer/php71.zip .
```

　加えて、bootstrapも調整する必要があります。124行目から144行目にかけてリクエストパラ

第5章　フレームワークを使ってみよう　83

メータの調整をしていますが、ここにリクエスト元URLを_urlのGETパラメータとして与えるよう調整します。これにより、Phalconの.htaccessと同等の動きをするように変更しています。

```
$uri = '/?_url=' . $event['path'];

if (array_key_exists('multiValueQueryStringParameters', $event) &&
$event['multiValueQueryStringParameters']) {
  foreach ($event['multiValueQueryStringParameters'] as $name => $values) {
    foreach ($values as $value) {
      $uri .= "&" . $name;

      if ($value != '') {
        $uri .= '=' . $value;
      }
    }
  }
}
```

　これでレイヤーの準備は完了です。前章までの手順を参考にビルドしてレイヤーとして作成してください。不安な場合は、作成後phpinfo()を表示する関数とAPIのセットを作成して、Phalconが拡張として読み込まれていることを確認します。

　また、Phalconのビルドにはマシンパワーによっては時間がかかるため、可能であればEC2インスタンス[9]上で実行することをお勧めします。

　レイヤーの準備ができたら、アプリケーションの作成とビルドです。作業用ディレクトリーとその中にsrcディレクトリーを作成します。

```
$ mkdir phalcon-app & cd phalcon-app
$ mkdir src & cd src
```

アプリケーション本体として、次の内容でindex.phpを作成します。

リスト5.13: index.php

```php
<?php

use Phalcon\Mvc\Micro;
use Phalcon\Http\Response;


$app = new Micro();
```

---

9. t2.small とかで十分です

84　　第5章　フレームワークを使ってみよう

```
$app->get(
    '/hello',
    function () {
        $response = new Response();

        $response->setJsonContent(['hello' => 'world']);
        return $response;
    }
);


$app->handle();
```

続けて、作業ディレクトリー直下にSAMのテンプレートを作成します。レイヤーは先ほど作成したレイヤーに設定します。

リスト5.14: template.yaml

```
AWSTemplateFormatVersion: 2010-09-09
Transform: AWS::Serverless-2016-10-31

Resources:
  PHPPhalconTestSAMAPI:
    Type: AWS::Serverless::Api
    Properties:
      StageName: v1
  PHPPhalconTestSAMFunction:
    Type: AWS::Serverless::Function
    Properties:
      FunctionName: PHPPhalconTestSAM
      CodeUri: src
      Runtime: provided
      Handler: index.php
      Layers:
        - (レイヤーARN)
      Events:
        rootAPI:
          Type: Api
          Properties:
            RestApiId: !Ref PHPPhalconTestSAMAPI
            Path: /
            Method: ANY
```

第5章　フレームワークを使ってみよう　│　85

```
proxyAPI:
  Type: Api
  Properties:
    RestApiId: !Ref PHPPhalconTestSAMAPI
    Path: /{proxy+}
    Method: ANY
```

準備が整ったらデプロイを行います。

```
$ sam package --template-file template.yaml --output-template-file output.yaml
--s3-bucket （バケット名）
$ sam deploy --template-file output.yaml --stack-name PHPPhalconTestSAM
--capabilities CAPABILITY_IAM
```

完了後、「PHPPhalconTestSAM」というAPIのURLを確認し、https:// （APIのURL） /helloに
アクセスJSONが表示されていれば問題ありません。

https:// （APIのURL） /にアクセスすると「Not-Found handler is not callable or is not defined
～」と表示されます。今回はサイトルートにアクセスした場合の処理を書いていないのと、ルーティ
ングが設定されていない時の処理（Not-Found handler）を設定してないためです。

図5.5: Phalconのサイトルート

Fatal error: Uncaught Phalcon¥Mvc¥Micro¥Exception: Not-Found handler is not callable or is not defined in /var/task/index.php:19 Stack trace: #0
/var/task/index.php(19): Phalcon¥Mvc¥Micro->handle() #1 {main} thrown in **/var/task/index.php** on line **19**

5.8　所感

今回6種類のフレームワークを使ってみましたが、この中でカスタムランタイムで使いやすいのは
Slim3とPhalconでした。記述するコードが少ないのでデプロイに時間がかからなかったり、フレー

ムワーク自体が軽量なためです。Phalconは最初こそ大変ですが、一度レイヤーを作成すればデプロイに必要なパッケージはindex.phpの1ファイルのみのため、これらの中で一番少ないです。

　逆に、LaravelやCakePHP3のようなフルスタックなフレームワークは少し使いづらいかもしれません。使えなくはないのですが、これまでの手順にあったように、一部機能を無効にしなければ動作しませんでした。そのためあまりいい部分を生かせず、ただ重いRESTfulなAPIサーバーを立てるだけになってしまうかもしれません。

第6章　サンプル的なアプリケーションを構築してみよう

|||||||||||||||||||||||||||||||||||||||||||||||||||||||||||||||||||||||||||||||||||||||||||||||||||||||||||||||||||||||

引き続き応用編です。本章ではより実環境に近い構成を想定し、これまでよりもう少し実践的なアプリケーションを実際に
構築してデプロイします。これまでの操作がほぼ網羅されていますので、ここでおさらいしてみましょう。

|||||||||||||||||||||||||||||||||||||||||||||||||||||||||||||||||||||||||||||||||||||||||||||||||||||||||||||||||||||||

6.1　前提条件

　作成するアプリケーションはJSONの入出力を行うアプリケーションです。前章で出てきたSlim3
を利用して構築し、LambdaとAPI Gatewayに加えてデータの保存先としてDynamoDBを利用し
ます。DynamoDBはマネージドなNoSQLデータベースです。

　本章もPHPのローカル実行環境とComposerを利用しますので、前章同様あらかじめ準備してお
きます。

6.2　アプリケーション構築

　準備ができたらアプリケーションの構築を行います。最初は前章と同じく、作業用ディレクトリー
とその中にsrcディレクトリーを作成します。

```
$ mkdir datastore-app && cd datastore-app
$ mkdir src
```

　そのままライブラリーを追加します。これまではcomposerコマンドで追加していましたが、今回は
先にcomposer.jsonを作成し、その内容でライブラリーの取得を行います。作成するcomposer.json
の内容は次のとおりです。Slim3本体とAWS SDKに加えて、UUIDを生成するライブラリー
（ramsey/uuid）を利用します。

リスト6.1: composer.json

```
{
  "require": {
    "slim/slim": "^3.12",
    "aws/aws-sdk-php": "^3.100",
    "ramsey/uuid": "^3.8.0",
    "ext-json": "*"
```

```
        }
}
```

追加後、次のコマンドでライブラリーをvendorディレクトリー以下に取得します。

```
$ composer install
```

次にアプリケーション本体を構築します。srcの中にpublicディレクトリーを作成し、その中に
index.phpファイルを次の内容で作成します。

リスト6.2: index.php

```php
<?php
require_once '../vendor/autoload.php';

use Slim\Http\Request as Request;
use Slim\Http\Response as Response;
use Ramsey\Uuid\Uuid;
use Aws\DynamoDb\DynamoDbClient;
use Aws\DynamoDb\Marshaler;

// App Configuration
$config = [
    'settings' => [
        'displayErrorDetails' => true
    ]
];
$app = new \Slim\App($config);

// Container Configuration
$container = $app->getContainer();
$container['DynamoDB'] = function($c) {
    return new DynamoDbClient([
        'version' => '2012-08-10',
        'region' => 'ap-northeast-1'
    ]);
};
$container['Marshaler'] = function($c) {
    return new Marshaler();
};

/**
```

第6章 サンプル的なアプリケーションを構築してみよう | 89

```
 * Get data
 */
$app->get('/get/{id}', function (Request $req, Response $res, Array $args) use
($container) {
    /** @var DynamoDbClient $dynamo */
    $dynamo = $container['DynamoDB'];
    /** @var Marshaler $marshaler */
    $marshaler = $container['Marshaler'];

    // Read Item
    $result = $dynamo->getItem([
        'TableName' => getenv('DynamoTableName'),
        'Key' => [
            'id' => ['S' => $args['id']]
        ]
    ]);

    // Unmarshal item
    $data = [];
    if(isset($result['Item'])) {
        $data = $marshaler->unmarshalItem($result['Item']);
        unset($data['id']);
    }

    // Return values
    return $res->withJson($data['values']);
});

/**
 * Post data
 */
$app->post('/post', function (Request $req, Response $res, Array $args) use
($container) {
    /** @var DynamoDbClient $dynamo */
    $dynamo = $container['DynamoDB'];
    /** @var Marshaler $marshaler */
    $marshaler = $container['Marshaler'];

    // Generate UUID
    $uuid = Uuid::uuid4();
    $id = $uuid->toString();
```

90　第6章　サンプル的なアプリケーションを構築してみよう

```php
    // Write Item
    $dynamo->putItem([
        'TableName' => getenv('DynamoTableName'),
        'Item' => [
            'id' => ['S' => $id],
            'values' => ['M' => $marshaler->marshalItem($req->getParsedBody())]
        ]
    ]);

    // Return UUID
    return $res->withJson(['id' => $id]);
});


$app->run();
```

これでアプリケーションの構築は完了です。

index.phpの処理を見てみる

　それでは、index.phpがどのような処理をしているか見てみます。
　初めはライブラリー自体の読み込みやエイリアスの設定を行っています。

```php
require_once '../vendor/autoload.php';

use Slim\Http\Request as Request;
use Slim\Http\Response as Response;
use Ramsey\Uuid\Uuid;
use Aws\DynamoDb\DynamoDbClient;
use Aws\DynamoDb\Marshaler;
```

　次にフレームワーク自体の設定です。今回はエラーを画面に表示するかどうかの設定のみ行っています。もちろん本番環境ではfalseになります。

```php
// App Configuration
$config = [
    'settings' => [
        'displayErrorDetails' => true
    ]
];
$app = new \Slim\App($config);
```

第6章　サンプル的なアプリケーションを構築してみよう　｜　91

次はいわゆるDIコンテナ[1]です。この中から`DynamoDBClient`を呼び出せるようにしています。もうひとつの`Marhaler`は、DynamoDBのデータ形式とJSONやPHPの連想配列の相互変換を行ってくれるライブラリーです。これはAWS SDKに内包されています。DynamoDBのデータは`string`や`Map`といった属性を項目毎に指定するのですが、JSONや連想配列には項目毎の属性が存在しないため、適切なマッピングを`Marhaler`が行ってくれます。

```php
// Container Configuration
$container = $app->getContainer();
$container['DynamoDB'] = function($c) {
    return new DynamoDbClient([
        'version' => '2012-08-10',
        'region' => 'ap-northeast-1'
    ]);
};
$container['Marshaler'] = function($c) {
    return new Marshaler();
};
```

次からはメインで、最初はデータ取得（GET）の処理です。処理内容は単純で、URLとして渡されたIDをDynamoDBに問い合わせて、問い合わせ結果をレスポンスとして返しています。ちなみにDynamoDBのテーブル名は固定にせず、環境変数から取得するようになっています。

```php
/**
 * Get data
 */
$app->get('/get/{id}', function (Request $req, Response $res, Array $args) use
($container) {
    /** @var DynamoDbClient $dynamo */
    $dynamo = $container['DynamoDB'];
    /** @var Marshaler $marshaler */
    $marshaler = $container['Marshaler'];

    // Read Item
    $result = $dynamo->getItem([
        'TableName' => getenv('DynamoTableName'),
        'Key' => [
            'id' => ['S' => $args['id']]
        ]
    ]);
```

1.https://ja.wikipedia.org/wiki/依存性の注入

```
    // Unmarshal item
    $data = [];
    if(isset($result['Item'])) {
        $data = $marshaler->unmarshalItem($result['Item']);
        unset($data['id']);
    }


    // Return values
    return $res->withJson($data['values']);
});
```

そしてデータ書き込み（POST）処理です。JSONがリクエスト本文として渡ってくるので、その内容をMarshalerで変換してDynamoDBに書き込みます。また、書き込み時に生成するUUIDをレスポンスで返しています。

```
/**
 * Post data
 */
$app->post('/post', function (Request $req, Response $res, Array $args) use
($container) {
    /** @var DynamoDbClient $dynamo */
    $dynamo = $container['DynamoDB'];
    /** @var Marshaler $marshaler */
    $marshaler = $container['Marshaler'];

    // Generate UUID
    $uuid = Uuid::uuid4();
    $id = $uuid->toString();

    // Write Item
    $dynamo->putItem([
        'TableName' => getenv('DynamoTableName'),
        'Item' => [
            'id' => ['S' => $id],
            'values' => ['M' => $marshaler->marshalItem($req->getParsedBody())]
        ]
    ]);

    // Return UUID
    return $res->withJson(['id' => $id]);
```

第6章　サンプル的なアプリケーションを構築してみよう　93

```
});
```

最後にSlim3自体を実行して完了です。

```
$app->run();
```

6.3 SAMテンプレートの構築

次に、作業ディレクトリー直下にSAMテンプレートを作成します。テンプレートは次の内容です。

リスト6.3: template.yaml

```
AWSTemplateFormatVersion: 2010-09-09
Transform: AWS::Serverless-2016-10-31

Resources:
  PHPDataStoreAppAPI:
    Type: AWS::Serverless::Api
    Properties:
      StageName: v1
  PHPDataStoreAppTable:
    Type: AWS::Serverless::SimpleTable
    Properties:
      PrimaryKey:
        Name: id
        Type: String
      ProvisionedThroughput:
        ReadCapacityUnits: 1
        WriteCapacityUnits: 1
  PHPDataStoreAppFunction:
    Type: AWS::Serverless::Function
    Properties:
      FunctionName: PHPDataStoreApp
      CodeUri: src
      Runtime: provided
      Handler: public/index.php
      Policies:
        - DynamoDBCrudPolicy:
            TableName: !Ref PHPDataStoreAppTable
      Environment:
        Variables:
```

94　第6章　サンプル的なアプリケーションを構築してみよう

```
            DynamoTableName: !Ref PHPDataStoreAppTable
      Layers:
        - (レイヤーARN)
      Events:
        rootAPI:
          Type: Api
          Properties:
            RestApiId: !Ref PHPDataStoreAppAPI
            Path: /
            Method: ANY
        proxyGETAPI:
          Type: Api
          Properties:
            RestApiId: !Ref PHPDataStoreAppAPI
            Path: /{proxy+}
            Method: GET
        proxyPOSTAPI:
          Type: Api
          Properties:
            RestApiId: !Ref PHPDataStoreAppAPI
            Path: /{proxy+}
            Method: POST
```

　これまでのテンプレートと比べると、いくつか新たな設定が増えています。APIの設定までは同一ですが、その次にSimpleTableというDynamoDBの設定をしています。内容も、主キーと最低限設定が必要なスループットの設定のみです。ここではテーブル名は指定していませんので、デプロイ時に自動的に設定されます。

```
PHPDataStoreAppTable:
  Type: AWS::Serverless::SimpleTable
  Properties:
    PrimaryKey:
      Name: id
      Type: String
    ProvisionedThroughput:
      ReadCapacityUnits: 1
      WriteCapacityUnits: 1
```

　Functionsの設定の中もいくつか増えています。ここで増えているPoliciesはIAMのポリシーに関する設定です。何も設定せずにデプロイすると最低限のLambda実行の権限のみがロールに割

第6章　サンプル的なアプリケーションを構築してみよう　｜　95

り当てられるため、他のAWSサービスへのアクセスが行えません。今回はDynamoDBへの読み書きを行うため、DynamoDBCrudPolicyを今回作成するテーブルに対して行えるよう設定しています。ここではあらかじめ定義されているポリシーの他に、インラインポリシーのように記述して細かくカスタマイズする事もできます。

```
    Policies:
      - DynamoDBCrudPolicy:
          TableName: !Ref PHPDataStoreAppTable
```

Environmentは環境変数です。作成されたテーブル名を環境変数に埋め込んでいます。

```
    Environment:
      Variables:
        DynamoTableName: !Ref PHPDataStoreAppTable
```

APIとの連携部分において、これまではANYに設定していた部分をGETとPOSTのみに制限しています。

```
    proxyGETAPI:
      Type: Api
      Properties:
        RestApiId: !Ref PHPDataStoreAppAPI
        Path: /{proxy+}
        Method: GET
    proxyPOSTAPI:
      Type: Api
      Properties:
        RestApiId: !Ref PHPDataStoreAppAPI
        Path: /{proxy+}
        Method: POST
```

テンプレート内のレイヤーARNを任意の値にして保存します。利用するARNはPHP7.1以上のARNであれば何でも構いません。

6.4　デプロイ&動作確認する

用意ができたのでデプロイして動作を確認します。デプロイのコマンドはこれまでと同様です。DynamoDBのテーブル作成を行うため、これまでと比べて少し時間がかかります。デプロイに成功した後、「PHPDataStoreApp」というAPIのURLを確認します。

96　　第6章　サンプル的なアプリケーションを構築してみよう

```
$ sam package --template-file template.yaml --output-template-file output.yaml
--s3-bucket （バケット名）
$ sam deploy --template-file output.yaml --stack-name PHPDataStoreApp
--capabilities CAPABILITY_IAM
```

生成されたURLを用いて動作確認をします。今回はcURLを用いて動作の確認を行いますが、JSON
が送信できるクライアントであれば何でも構いません。

まずはデータの格納です。データの格納は/postのエンドポイントに対してJSONを送信すると
データが格納され、生成されたUUIDが返ってくる仕組みになっています。cURLのコマンドにする
と次のようになります。

```
$ curl -X POST -H 'Content-Type: application/json' -d '{"key1": "value1",
"key2": "value2"}' https:// （生成されたURL） /post
```

次のようにJSONデータを送信して、idが返ってくれば成功です。それ以外の値が返ってきたり
明らかにエラーの場合はログを確認します。

```
$ curl -X POST -H 'Content-Type: application/json' -d '{"key1": "value1",
"key2": "value2"}' https:// （生成されたURL） /post
{"id":"9e9d8a43-52fc-4f2d-8aa1-c2b9009aed24"}
```

次に、取得したIDを用いてデータの取得を行います。/get/（取得したID）へリクエストを送信す
ると、格納されたJSONが戻ってきます。

```
$ curl -X GET 'https:// （生成されたURL） /get/ （取得したID） '
```

リクエストを送信して、先ほど送信したJSONが返ってくれば成功です。

```
$ curl -X GET 'https:// （生成されたURL） /get/9e9d8a43-52fc-4f2d-8aa1-c2b9009aed24'
{"key1":"value1","key2":"value2"}
```

6.5　ローカルで実行する

今回のアプリケーションはローカルでも動作させることができます。ただし、完全にスタンドア
ロンではなくDynamoDBと通信する必要があります。[2]

2.DynamoDB local や LocalStack を用いる事で、ローカルで完結させることは可能です。その場合、DynamoDB のエンドポイントを変更する必要があります

実行前に、今回作成したテーブル名を取得します。テーブルはPHPDataStoreApp-PHPDataStoreAppTable-（ランダム文字列）という名前で作成されているので、コンソールやAWS CLIを利用してあらかじめ確認しておきます。

図6.1: DynamoDBの一覧

```
$ aws dynamodb list-tables
{
    "TableNames": [
        "PHPDataStoreApp-PHPDataStoreAppTable-R3PBZV1K8Q3G"
    ]
}
```

ローカルでの実行は4章で紹介したsam local start-apiを実行するだけですが、テーブル名をDynamoTableNameの環境変数で渡す必要があるため、次のように実行します。

```
DynamoTableName="（DynamoDBテーブル名）" sam local start-api
```

Windows（PowerShell）の場合は先ほどの記法が使えないため、$Envにセットしてから実行します。

```
PS> $env:DynamoTableName="PHPDataStoreApp-PHPDataStoreAppTable-R3PBZV1K8Q3G"
PS> sam local start-api
```

http://127.0.0.1:3000/でAPIが起動するので、エンドポイントに向けて同様の操作を行えることを確認できれば無事に起動できています。

```
$ curl -X POST -H 'Content-Type: application/json' -d '{"key1": "value1",
"key2":
"value2"}' http://127.0.0.1:3000/post
{"id":"3e2fc386-e2bc-49be-9c3b-8efd1bfadca7"}
$ curl -X GET 'http://127.0.0.1:3000/get/3e2fc386-e2bc-49be-9c3b-8efd1bfadca7'
{"key1":"value1","key2":"value2"}
```

あとがき

　本書をお読みいただきありがとうございました。Lambda自体は以前からありますのでご存じな方は多いはずですが、Lambdaのカスタムランタイムははじめて聞いたという方や、名前だけは知っていたという方が多いのではないかと思います。

　ここまでの内容を見ていただけば分かりますが、現状では制約も多く設定も大変です。加えて、まだプロダクション向きではない面もあります。しかし、事前に用意をして実験用や簡易なAPIサーバーを立てて使うような用途であれば、十分に利用できるのではないでしょうか。実際に、サーバーを立てるほどではないようなちょっとしたツールを会社内で作成する際、将来的なメンテナンス性などを考慮してカスタムランタイムで作成する例もあります。

　今回はPHPを題材にしましたが、応用することでさまざまな言語で利用することができます。たとえば、bashを使えばシェル芸が捗りますし、KotlinやSwiftといった最近の言語も選択肢としては存在します。さすがにC#だって.NET Coreを使えば動かせる……かもしれません。

　カスタムランタイムの登場によりサーバーレスという言葉の定義がさらにあやふやになってしまった感じもありますが、細かい所はあまり気にせず、利用できるテクノロジーはどんどん利用して、効率的に開発を進められるようになったり、現場をよりよく改善できるようになれば最高ではないでしょうか？そんな時のひとつの選択肢としてLambdaのカスタムランタイムを是非検討してみてください。

参考書籍
　・技術書をかこう！ ～はじめてのRe:VIEW～ （TechBooster 編）
　・ワンストップ！技術同人誌を書こう （親方Project 編）

著者紹介

木村 俊彦（きむら としひこ）

宮城県出身・在住。学生時代からプログラミングに勤しみ、そのままシステム開発会社へ就職。その後Web制作会社を経て、現在はPHPやNode.jsのアプリケーション開発やAWSやAzureの設計構築を担当。最近はDockerやKubernetesなどのコンテナ周りやIoT関係に興味あり。
PHPカンファレンス仙台コアスタッフ、技術同人誌サークル「杜の都の開発室」主宰。

◎本書スタッフ
アートディレクター/装丁：岡田章志＋GY
編集協力：飯嶋玲子
デジタル編集：栗原 翔

〈表紙イラスト〉
佐藤 実可子（さとう みかこ）
宮城県出身・在住のWebデザイナー兼イラストレーター。
技術同人誌サークル「杜の都の開発室」では表紙とイラストを担当。

技術の泉シリーズ・刊行によせて
技術者の知見のアウトプットである技術同人誌は、急速に認知度を高めています。インプレスR&Dは国内最大級の即売会「技術書典」（https://techbookfest.org/）で頒布された技術同人誌を底本とした商業書籍を2016年より刊行し、これらを中心とした『技術書典シリーズ』を展開してきました。2019年4月、より幅広い技術同人誌を対象とし、最新の知見を発信するために『技術の泉シリーズ』へリニューアルしました。今後は「技術書典」をはじめとした各種即売会や、勉強会・LT会などで頒布された技術同人誌を底本とした商業書籍を刊行し、技術同人誌の普及と発展に貢献することを目指します。エンジニアの "知の結晶" である技術同人誌の世界に、より多くの方が触れていただくきっかけになれば幸いです。

株式会社インプレスR&D
技術の泉シリーズ　編集長　山城 敬

●お断り
掲載したURLは2019年7月1日現在のものです。サイトの都合で変更されることがあります。また、電子版ではURLにハイパーリンクを設定していますが、端末やビューアー、リンク先のファイルタイプによっては表示されないことがあります。あらかじめご了承ください。
●本書の内容についてのお問い合わせ先
株式会社インプレスR&D　メール窓口
np-info@impress.co.jp
件名に『本書名』問い合わせ係」と明記してお送りください。
電話やFAX、郵便でのご質問にはお答えできません。返信までには、しばらくお時間をいただく場合があります。
なお、本書の範囲を超えるご質問にはお答えしかねますので、あらかじめご了承ください。
また、本書の内容についてはNextPublishingオフィシャルWebサイトにて情報を公開しております。
https://nextpublishing.jp/

●落丁・乱丁本はお手数ですが、インプレスカスタマーセンターまでお送りください。送料弊社負担 でお取り替えさせていただきます。但し、古書店で購入されたものについてはお取り替えできません。
■読者の窓口
インプレスカスタマーセンター
〒 101-0051
東京都千代田区神田神保町一丁目 105番地
TEL 03-6837-5016／FAX 03-6837-5023
info@impress.co.jp
■書店／販売店のご注文窓口
株式会社インプレス受注センター
TEL 048-449-8040／FAX 048-449-8041

技術の泉シリーズ

PHPでもサーバーレス！AWS Lambda Custom Runtime入門

2019年9月20日　初版発行Ver.1.0（PDF版）

著　者　木村 俊彦
編集人　山城 敬
発行人　井芹 昌信
発　行　株式会社インプレスR&D
　　　　〒101-0051
　　　　東京都千代田区神田神保町一丁目105番地
　　　　https://nextpublishing.jp/
発　売　株式会社インプレス
　　　　〒101-0051　東京都千代田区神田神保町一丁目105番地

●本書は著作権法上の保護を受けています。本書の一部あるいは全部について株式会社インプレスR&Dから文書による許諾を得ずに、いかなる方法においても無断で複写、複製することは禁じられています。

©2019 Toshihiko Kimura. All rights reserved.
印刷・製本　京葉流通倉庫株式会社
Printed in Japan

ISBN978-4-8443-7806-8

NextPublishing®

●本書はNextPublishingメソッドによって発行されています。
NextPublishingメソッドは株式会社インプレスR&Dが開発した、電子書籍と印刷書籍を同時発行できるデジタルファースト型の新出版方式です。https://nextpublishing.jp/